热带林下经济产业技术与模式

欧阳欢　张小燕　主编

中国农业科学技术出版社

图书在版编目（CIP）数据

热带林下经济产业技术与模式 / 欧阳欢，张小燕主编. -- 北京 : 中国农业科学技术出版社，2024. 8.

ISBN 978-7-5116-6982-7

Ⅰ. F326. 23

中国国家版本馆 CIP 数据核字第 2024VL0784 号

责任编辑 姚 欢
责任校对 王 彦
责任印制 姜义伟 王思文

出 版 者 中国农业科学技术出版社
北京市中关村南大街 12 号 邮编：100081
电 话 （010）82106631（编辑室） （010）82106624（发行部）
（010）82109709（读者服务部）
网 址 https: // castp.caas.cn
经 销 者 各地新华书店
印 刷 者 北京建宏印刷有限公司
开 本 185 mm × 260 mm 1/16
印 张 12.25
字 数 300 千字
版 次 2024 年 8 月第 1 版 2024 年 8 月第 1 次印刷
定 价 80.00 元

《热带林下经济产业技术与模式》
编委会

主　编： 欧阳欢　张小燕

副主编： 王秀全　罗　萍　张华林　赵松林　曾宗强

编　委（按姓氏笔画排序）：

于少帅　丰　明　王泽宇　王学良　王清隆
仇　键　邓怡国　邓福明　白菊仙　巩鹏涛
邬华松　刘　倩　刘立云　汤　欢　严晓丽
李家宁　李博勋　李裕展　杨建峰　张小庆
张雨良　范武波　欧阳诚　周　伟　郇恒福
鱼　欢　郑惠玲　侯冠彧　贺军军　贾效成
徐志军　高景林　高新生　黄坚雄　曹建华
韩建成　程汉亭　曾　军　蔡海斌　廖子荣

内容摘要

林下经济作为农民增收和乡村振兴的新增长极，在绿色经济、生态经济发展中发挥着越来越重要的作用。热带林下经济产业是农林产业的重要组成部分。本书基于推进科技创新与产业创新深度融合，围绕橡胶、椰子、槟榔、油茶、沉香、花梨等“六棵树”林下经济全产业链的新品种、新技术、新产品、新装备、新模式等成果的供给、需求和服务，通过全面、深入、专业的观察视角，分析我国热区林下经济产业发展现状和对策，汇集热带林下经济产业发展典型技术成果，以期引领和保障我国热带林下经济产业技术创新发展，推动热带林下经济向规模化、标准化、特色化方向发展，实现热带林下经济高质量发展。

前　言

森林是陆地生态系统的主体，蕴含着丰富多样的食物资源。我国有34亿多亩森林、8 000多种木本植物，科学利用森林和林地资源，发展经济林和林下经济，向森林要食物，是增加食物供给能力、丰富食物来源、提升生活品质的重要措施，是构建多元化食物供给体系的重要组成部分。

林下经济是林草产业体系的重要组成部分。大力发展林下经济，是贯彻习近平生态文明思想和“绿水青山就是金山银山”发展理念的生动体现，是助力乡村振兴、促进农民增收的重要手段，是建设生态文明和美丽中国的重要举措。目前，我国经济林面积约为7亿亩，经济林产量约为2亿吨、产值约2.2万亿元，种植规模居世界首位；林下经济土地利用面积达6亿亩，产值突破1万亿元。林下经济作为农民增收和乡村振兴的新增长极，在绿色经济、生态经济发展中发挥着越来越重要的作用。

热带林下经济产业是林业产业的重要组成部分，我国热区陆地面积为54万平方千米。发展热带林下经济产业，是深入贯彻落实构建新发展格局和高质量发展的要求，坚持“绿水青山就是金山银山”发展理念，践行大食物观，探索藏粮于林，壮大林下经济，有利于推动热带地区产业结构调整，实现全面推进乡村振兴的方向和路径。发展热带林下经济产业，不仅可以充分利用热带林下资源、提高土地利用效率，还可增加热带农林副产品种类和数量，调整热区农村产业结构，增加产品附加值与社会经济效益。尤其在“健康中国”与乡村振兴战略背景下，热带林下经济凭借优质的生产环境、热带林业资源食品、热带林下产品以及森林旅游等业态，不但满足了人们的健康需求，也对巩固拓展热区脱贫攻坚成果、全面推进乡村振兴有着特殊意义。

党中央、国务院高度重视发展林下经济，习近平总书记多次作出重要指示。2012年以来，我国历年中央一号文件持续关注林下经济发展，并出台了一系列支持发展林下经济的政策。2012年，国务院办公厅印发《关于加快林下经济发展的意见》；2014—2015年，国家林业局发布《全国集体林地林下经济发展规划纲要（2014—2020年）》《全国集体林地林药林菌发展实施方案（2015—2020年）》；2019年，全国人大修订了《中华人民共和国森林法》；2020年，国家发改委等10部门联合发布《关于科学利用林地资源促进木本粮油和林下经济高质量发展的意见》；2021年，国家林业和草原局、国家发改委联合发布《“十四五”林业草原保护发展规划纲要》，国家林业和草原局发布《全国林下经济发展指南（2021—2030年）》；2022年，国家林业和草原局发布《林草产业发展规划（2021—2025年）》。林下经济正在以特有的优势进入高速、全面的发展机遇期。

我国热带地区也十分重视发展林下经济，出台了一系列支持发展林下经济的政策。广西、广东、云南、福建、江西、四川、贵州、湖南、海南等地根据自身区域特色，有针对性地出台了发展林下经济指导意见、规划及财政资金扶持政策，促进了热带林下经济快速发展。2022年4月，海南省第八次党代会将橡胶、槟榔、椰子、沉香、油茶、花梨列为海南省重点发展的“六棵树”，提出要进一步做好“六棵树”文章，使之成为海南百姓的“摇钱树”。

科技创新是促进林下经济产业高质量发展的关键。然而，目前我国在热带林下经济产业发展中，还面临种质资源储备与开发不足、林下经济技术模式应用少、种植采收机械化水平低、产品深加工技术和产业链不健全等问题，导致热带林下经济产业规模化、产业化发展后劲不足。因此，要进一步强化科技资源投入，通过科技创新推动热带林下经济产业高质量发展，践行大食物观。

本书基于推进科技创新与产业创新深度融合，围绕热带林下经济全产业链的技术供给、需求和服务，通过全面、深入、专业的观察视角，系统介绍了林下经济产业的发展概况、林下经济产业模式与技术，分析我国热区林下经济产业发展现状与对策，汇集橡胶、椰子、槟榔、油茶、沉香、花梨等“六棵树”林下经济全产业链的新品种、新技术、新产品、新装备、新模式等80项典型科技成果，以期引领和保障我国热带林下经济产业技术创新发展，推动热带林下经济向规模化、标准化、特色化方向发展，实现热带林下经济高质量发展。

本书是在2023年“科创中国”产业科技服务团项目——“科创中国”热带农业产业科技服务团（KJFWT2023-01-66）、2023年广东省科技创新战略专项资金——湛江市中热科技成果转移转化中心（2023A01008）、中国热带农业科学院2023年度基本科研业务费：橡胶园林下种养模式示范推广（1630102023011）等研究成果基础上完成的。作为中国热带作物学会科技成果转化工作委员会承建单位，中国热带农业科学院湛江实验站组织广大专家，经过1年的努力，编写了这本《热带林下经济产业技术与模式》。本书是“科创中国”热带农业产业科技服务团项目的成果汇编，也是我国热带林下经济产业的研究成果总结与探索，从宏观层面为我国林下经济产业学科体系发展提供理论支撑和智力支持，从微观层面为我国热带林下经济产业科技创新提供思路借鉴和实践指导。

本书在选题论证、资料收集过程参考了大量文献，是“科创中国”热带农业产业科技服务团全体成员辛勤付出的成果，得到了林下经济科技专家的建设性意见和建议，并获得了中国热带作物学会秘书处和各分支机构的支持帮助。在此，谨向上述专家和同事及所有为本书提供资料的同人表示衷心感谢！本书在编写过程中存在的不足之处，恳请各位读者和同人不吝提出宝贵意见，待今后继续考证和修改补充。

2024年2月

目 录

第一章

林下经济产业发展概述

一、发展林下经济产业的背景与意义

（一）发展林下经济产业的背景

森林是陆地生态系统的主体，蕴含着丰富多样的食物资源。树立大食物观，利用好森林食物资源，对于保障国家粮食安全，培育好、保护好、利用好森林资源具有重要意义。全国34亿多亩森林、8 000多种木本植物蕴藏着丰富的食物资源，科学利用森林和林地资源，发展经济林和林下经济，向森林要食物，是增加食物供给能力、丰富食物来源、提升生活品质的重要措施，是构建多元化食物供给体系的重要组成部分。

林下经济是林草产业体系的重要组成部分。近年来，我国林下经济保持稳中有进的良好发展态势，产业规模稳步扩大。目前，全国林下经济经营和利用的林地面积超过6亿亩，各类经营主体超过90万个，从业人数达3 400万人，国家林下经济示范基地总数达649个，总产值突破1万亿元，是绿水青山转化为金山银山的有效途径。

中国数千年的农耕生产实践，就已深刻地认识到农林的紧密相关性。2 000多年前，西汉农学著作《氾胜之书》中，最早记载了林、粮间作的生产结构形式，即“黍桑当俱生”。1 400多年前，北魏农学家贾思勰在《齐民要术》中介绍，桑树下种绿豆、红豆，不仅“二豆良美”，而且“润泽益桑”。槐树、楮树种子和麻一起下种，可以“胁槐令长”“为楮作暖”，有利于树木“亭亭条直”。700多年前，元朝司农司撰写的科学著作《农桑辑要》认为，“桑发黍，黍发桑”，在桑树下种黄米，黄米能让桑树茂盛，桑树能让黄米增产。大约400年前，明代徐光启的《农政全书》，则记载着“如山可种，则夏种粟，冬种麦，可当耘锄”，意思是在杉木林内套种谷子、小麦，可以达到以耕代抚的作用。

新中国成立后，我国大力发展林下经济。20世纪50—60年代，我国国有林区和农村集体林区通过在林地发展多种经营，提高职工和农民收入，增加食物和多种经营产品供给。进入21世纪，林地发展种植、养殖和复合经营进一步发展。2003年国家开始推进建设集体林权制度改革试点，2008年全面推进集体林权制度改革，农民发展林下经济的意愿得到更广泛的激发，林下经济快速发展。党的十八大以来，“绿水青山就是金山银山”的理念深入人心，成为全社会的共识。林下经济是践行“两山论”的具体行动。

党中央、国务院高度重视发展林下经济，习近平总书记多次作出重要指示。2023年9月，习近平总书记在黑龙江大兴安岭北极村考察时指出，“要坚持林下经济和旅游业两业并举，让北国边塞风光、冰雪资源为乡亲们带来源源不断的收入”；同年10月，在江西考察时强调，“要发展林下经济，开发森林食品，培育生态旅游、森林康养等新业态”；同年12月，在广西考察时指出，“发展壮大林业产业，让生态优势不断转化为发展优势”。这些重大指示，为林下经济产业发展指明了方向。2012年以来，我国历年中央一号文件持续关注林下经济发展。2012年提出“支持发展木本粮油、林下经济、森林旅游、竹藤等林产业”；2013年提出“积极发展林下经济”；2013年还提出“大力推进重大林业生态工程，发展林产业和特色经济林”；2016年提出“大力发展特色经济林、木本油料、林下经济”；2017年提出“推进农业、林业与旅游、教育、文化、康养等产业深度融合”；2021年提出“促进木本粮油和林下经济发展”；2023年提出“发展林下种养”；2024年提出“支持农户发展特色种养、林下经济等家庭经营项目”。

2012年，国务院办公厅下发《关于加快林下经济发展的意见》，明确提出“在保护生态环境的前提下，以市场为导向，科学合理利用森林资源”，这是首次从国家层面提出的林下经济发展战略，打开林下经济产业发展新格局。2013年，国务院下发的《循环经济发展战略及近期行动计划》中也提出，要“重点培育推广畜（禽）-沼-果（菜、林、果）复合型模式、农林牧渔复合型模式”等，“实现鱼、粮、果、菜协同发展”，明确了在新的历史时期下林下经济发展的新方向。2014—2015年，国家林业局发布《全国集体林地林下经济发展规划纲要（2014—2020年）》《全国集体林地林药林菌发展实施方案（2015—2020年）》，明确探索林药、林菌发展的长效机制。2019年12月，经修订的《中华人民共和国森林法》首次明确提出，“在不破坏生态环境并经过科学论证的前提下，可以合理利用公益林林地资源和森林景观资源，适度开展林下经济、森林旅游等”，以国家立法形式为林下经济产业发展提供了保障。

2020年7月，农业农村部发布《全国乡村产业发展规划（2020—2025年）》，明确指出林下经济是乡村产业的重要组成部分。2020年11月，国家发展改革委等10部门联合发布《关于科学利用林地资源促进木本粮油和林下经济高质量发展的意见》，明确了对林下经济的政策支持，并对其发展作出安排。2021年9月，国家林业和草原局、国家发展改革委联合发布《“十四五”林业草原保护发展规划纲要》，将林下经济列入林草产业新业态重点项目，要求优化林下经济发展布局，建设一批国家林下经济示范基地；同年11月，国家林业和草原局发布《全国林下经济发展指南（2021—2030年）》，立足新发展阶段，明确了今后10年全国林下经济发展的总体思路和基本布局。2022年1月，国家林业和草原局发布《林草产业发展规划（2021—2025年）》，明确到2025年，全国林草产业总产值达9万亿元，基本形成比较完备的现代林草产业体系，林草产品国际贸易强国地位初步确立。

根据《国务院办公厅关于加快林下经济发展的意见》，2012—2013年，广西、广东、云南、福建、江西、四川、贵州、湖南、海南等热带地区省份根据自身区域特色，纷纷出台了针对性的加快林下经济发展指导意见及财政资金扶持政策，将林下经济列为政府考核目标，促进了热带林下经济产业发展。近年来，为了更好地推动林下经济产业高质量发展，进一步强化了林下经济政策指引，将热带林下经济产业作为推进农村产业革命、实施乡村振兴战略的重要抓手。例如，2021年7月，贵州出台《关于加快推进林下经济高质量发展的意见》；2022年4月，广西出台《关于推进新时代林业高质量发展的意见》；2022年6月，江西出台《关于推进林下经济高质量发展的意见》；2023年11月，云南出台《关于加快推进林下经济高质量发展的意见》。

为了科学指导林下经济产业发展，热带地区省份还组织编制发布林下经济产业相关发展规划，如《广西壮族自治区林下经济发展“十四五”规划》《湖南省林下经济千亿产业发展规划（2018—2025年）》《海南省林业高质量发展“十四五”规划》《广东省林业产业发展“十四五”规划》《云南省“十四五”林草产业发展规划》《福建省林业发展“十四五”规划》《江西省林业发展“十四五”规划》《贵州省“十四五”林业草原保护发展规划》《四川省林业草原发展“十四五”规划》《西藏自治区“十四五”时期林业草原发展规划》等，为热带林下经济产业可持续、健康、绿色高质量发展提供行动指南。

（二）发展林下经济产业的意义

中国数千年的农耕生产实践证明，科学利用森林资源，在林下套种粮食作物或经济作物，可以实现资源共享、优势互补、循环相生、协调发展。作为新兴绿色朝阳产业，大力发展林下经济产业，是贯彻习近平生态文明思想和践行“绿水青山就是金山银山”发展理念的生动体现，是助力乡村振兴、促进农民增收的重要手段，是助推健康中国战略实施、建设生态文明和美丽中国的重要举措。高质量发展林下经济产业，对缩短林业经济周期，增加林业附加值，促进林业可持续发展，开辟农民增收渠道，巩固生态建设成果，解决粮油安全，促进人们美好生活的提升具有重要意义。

第一，发展林下经济产业具有重要的经济意义。林下经济产业能开创绿色、生态产业新类型，延伸“生产者-消费者-分解者”产业经济链条，形成“资源-产品-再生资源-再生产品”互利共生的循环经济网络模式，促进土地利用效率的提高，实现物质能量良性循环，带动林下经济相关的加工、运输、物流、信息、服务等产业，优化地区产业结构，提高农林业综合效益、实现农林户增收致富，推动区域经济发展。

第二，发展林下经济产业也具有重要的社会意义。林下经济产业涉及林业、农业、畜牧业、科技、医药、旅游等多个门类，涉及种植、加工、运输、物流、信息等多个产业，需要的专业技术达几十种，为农民带来了低门槛、劳力密集型就业机会，改善农村环境，缩小城乡差距，维护社会稳定，实现山区农村精准脱贫与全面乡村振兴。同时，林下经济具有绿色、自然等特点，是农民从事生态产业的新领域，对助力健康中国战略实施、推进生态文明和美丽中国建设，推动绿色发展、绿色消费具有重要意义。

第三，发展林下经济产业具有重要的生态意义。林下经济产业能增进森林生态系统的协调稳定与可持续，形成更加健康的乔灌草复合结构，构建复杂的生物链和营养关系，丰富动植物、微生物复合体系，提高生态系统生物多样性指数和稳定性，促进多物种协调相生；有效地改良林下的土壤，增强森林固土保水、固碳释氧等生态功能，增加地表的覆盖度，延缓水分的蒸发，改善林分状况，促进发挥森林生态功能，维护地区生态安全、保持经济与生态协调发展。

二、林下经济产业概念与特点

（一）林下经济相关概念

1. 林下经济概念

林下经济是一种经济产业形式，其概念分为狭义和广义。狭义的林下经济是指充分利用林地资源和林荫优势，开展林下种植、养殖的复合生产经营活动。广义的林下经济是指以生态学、经济学和系统工程为基本理论，借助林地的生态环境及景观资源，开展林下种植、养殖、采集加工、森林旅游等多种项目的复合生产经营活动，从而实现相关产业优势互补、资源共享、协调发展。

2012年，国务院办公厅下发的《关于加快林下经济发展的意见》中指出，林下经济以林下种植、林下养殖、林产品采集加工和森林景观利用等为主要内容。

《林下经济术语》（T/CSF 001—2018）将林下经济（Non-timber forest-based economy）定义为：依托森林、林地及其生态环境，遵循可持续经营原则，以开展复合经营为主要特征的生态友好型经济，包括林下种植、林下养殖、相关产品采集加工、森林景观利用等。该定义强调了林下经济绿色、循环、可持续和立体复合经营的特点，突出了生态系统经营、生物多样性保护和资源利用的统一，在业界学术交流中被逐步认可和采用。

国外没有“林下经济”的概念，与之相近的概念有农林业（Agroforestry）、农林复合系统（Agroforestry system）、多功能林业（Multipurpose forestry）、非木质林产品（Non-wood forest product）、社会林业（Social forestry）和生态林业（Ecological forestry）等。国际农林系统委员会将林农复合经营定义为在同一土地经营单元上，将在生态和经济上存在相互联系的多年生木本植物与栽培作物或动物精心结合在一起，通过空间或时序的安排以多种方式配置的一种土地利用制度或系统。

2. 林下经济产业概念

林下经济产业（Non-timber forest-based industry）是指从事林下经济活动的产业。包括林下产业、林中产业和林上产业。

与单纯的农业、林业相比，林下经济产业有生态和经济的综合优势。农业和林业都是经济基础产业，既为人类创造最基本的生活资料和生存环境，又为社会的文明和发展提供最初始的推动力和初级产物。农业为人类提供粮食，而林业保障生态环境，两者缺一不可。我国农业和林业发展现在主要都是靠政府财政补贴，自身不能解决效益低下、生产周期长、市场适应力差的问题。而林下经济产业可利用农业、林业、旅游业等各产业的优势，达到取长补短、增产增值、发展经济和改善环境等综合效果，这正是现代全人类所追求和倡导的，所以林下经济产业具有广泛的应用价值和广阔的发展前景。

3. 热带林下经济产业概念

热带林下经济产业是指在热带地区从事热带林下经济活动的产业。主要有热带林下种植业、养殖业、采集加工业和森林旅游业。

气候学中，以日均温稳定≥10℃的年积温、日均温≥10℃的天数、最冷月平均气温等指标划分气候带，以干燥度划分气候大区。中国从北到南划分为9个气候带和1个高原气候大区（指青藏高原），其中热带、南亚热带地区由于其独特的气候条件、地势地形以及土壤土质，具有发展热带农业的独特条件和优势，这些地区在习惯上被称为“中国热带地区”。

中国热带地区面积大约为54万平方千米，包括广东大部、广西中南部、云南南部与西南部、福建南部以及海南、香港、澳门、台湾全域，此外还有五块“飞地”，即四川、云南的金沙江干热河谷地带，贵州西南部的红水河南、北盘江河谷地带，湖南南部郴州、永州，江西南部赣州部分市县，以及西藏墨脱、波密、察隅的低海拔地区。

（二）林下经济产业类型

在林下经济的生产实践中，逐步形成了4种基本产业类型，分别为林下种植、林下养殖、林下采集和森林景观利用。

林下种植（In-forest planting）是指依托森林、林地及其生态环境，遵循可持续经营原则，在林内或林地边缘开展的种植活动，包括人工种植和野生植物资源抚育。

林下养殖（In-forest raising）是指依托森林、林地及其生态环境，遵循可持续经营原则和循环经济原理，在林内或林地边缘开展的生态养殖活动，包括人工养殖和野生动物资源驯养。

林下采集（Non-timber forest-based products gathering）是指在不破坏森林资源和生态环境的前提下，充分利用大自然为人类提供的丰富资源，对森林中可利用的非木质资源进行采集与加工活动。例如山野菜、浆果或竹笋的采集。

森林景观利用（Forest landscape utilization）是指合理利用森林景观资源的多种功能和森林内多种资源，开展森林旅游、特色林业经济产业、休闲观光、科普宣传和文化教育等有益人类身心健康的经营活动，包括森林旅游、森林研学、森林康养、森林旅居、森林温泉、森林运动、森林食疗等。

（三）林下经济产业特点

林下经济具有投入少、见效快、易操作、潜力大的特点。总体来看，我国发展林下经济前途无量，主要取决于我们国家具有独特的地理优势和丰富的生物资源，还有悠久的农业历史和林业传统，更重要的是我们有广袤的林地和巨大的需求，所以蕴藏着林下经济发展的巨大空间。我国具有多种气候带，有多种多样的生物资源，加上悠久的农业历史，生物遗传资源非常丰富，可选择的种类非常多。

第一，林下经济产业是具有比较优势的产业。首先，林下经济产业开展实际的生产活动时，通常都是基于林区已有的林业资源开展的，在生产过程中投入资金少，对当地的财政及农户生产压力不大；其次，林下经济的生产周期较短，林下种植与林下养殖的生产周期较为短暂，农户能快速回本；最后，林下经济注重多产业的有机结合，共同开展林下经济建设，提升林区资源的利用率。

第二，林下经济是具有巨大综合效益的产业。林下经济可以涉及多种不同的经济产业，如农作物种植、蔬菜种植、牲畜饲养、草药采集等，有丰富的经济资源和产业选择。多种生态系统类型和丰富的生物资源，为大力发展培育林下种植、养殖、采集业提供了丰富的资源条件，很多的物种资源都可以作为发展战略性新兴产业的重要物质基础和占领未来发展制高点的重大战略资源。

第三，林下经济是绿色产业和新兴产业。林下经济的活动在尊重生态环境的前提下进行，有利于维护和改善生态系统的稳定性和生物多样性。我国粗加工或深加工非木质林产品的衍生品数以万计，很多是我国的独有品种，特别是生物能源、中药、植物油脂、植物提取物、香精香料、昆虫等产品相关的品种，这是从传统的木材加工业转型升级为绿色多元发展最主导的因素。

第四，林下经济是最具成长性的朝阳产业。基于我国大力推行的美丽中国建设、生态文明建设以及可持续发展战略。林下经济的发展注重资源的可持续利用和保护，通过合理规划和管理，可以实现经济效益与生态效益的良性互动，符合国家倡导的发展战略，切实满足新时代发展的各项要求，在当下乃至未来都有较为良好的发展前景。

（四）林下经济产业林地范围

1. 优先利用的林地

林下经济应优先利用商品林地，在维持森林生态系统健康稳定的前提下，可适度规模化、集约化开展林下经济活动。应科学合理设置必要措施，防止加剧或造成新的水土流失。在国有林地范围开展林下经济活动，应当符合已有的森林经营方案。

2. 限制利用的林地

（1）自然保护地一般控制区内的林地。

（2）除国家一级公益林外的其他公益林。

（3）除划定为天然林重点保护区域外的其他天然林。

（4）饮用水水源准保护区范围内的林地。

在限制利用的林地内开展的林下经济活动禁止进行全面林地清理，只能进行小块或穴状整地，禁止施用化学肥料和化学农药。在除国家一级公益林外的其他公益林内，在符合公益林生态区位保护要求、不破坏森林植被、不影响整体森林生态功能发挥的前提下，经科学评估论证，适度发展林下经济。在除划定为天然林重点保护区域外的其他天然林地内，在不破坏地表植被、不影响生物多样性保护的前提下，经科学评估论证，适度发展林下经济。在自然保护地一般控制区内发展林下经济，应严格遵守自然保护地管理的法律法规及政策。在饮用水水源准保护区范围内的林地开展林下经济，应严格遵守饮用水水源保护区管理的法律法规及政策，不造成新的水源环境污染。

3. 禁止利用的林地

林下种养活动禁止在以下林地内开展。

（1）自然保护地核心保护区内的林地。

（2）国家一级公益林、林地保护等级为一级的林地。

（3）划定的天然林重点保护区域内的林地。

（4）饮用水水源一级、二级保护区范围内的林地。

（5）珍稀濒危野生动植物重要栖息地（生境）及生物廊道内的林地。

4. 林下经济可利用林地地类及技术要求

（1）有林地。可在公益林和商品林中进行林下种植。可对林分进行修枝割灌除草的种植前清理工作。

郁闭度0.7以上的林分，可进行适度的森林抚育，按森林抚育规程可进行透光伐、疏伐、生长伐、卫生伐，对林木进行一定采伐，采伐后郁闭度保留在0.6以上。

郁闭度低于0.4的商品林林分可进行低效林改造，对林分进行补植、间伐、带状树种更替（林带间隔为4～6米，保留林带宽度不得低于4米）。进行树种更替的林地不得改变其林种。涉及采伐需报批采伐手续。

（2）灌木林地。可在商品林中进行种植。对灌木盖度大于50%的灌木林地可在进行清灌同时补植乔木改造，清灌后灌木盖度大于40%；灌木盖度低于40%的灌木林地进行补植乔木改造。

（3）无立木林地。进行种植时同时对林地进行林木补植，可按林带方式进行，林带间隔为4～6米，林带宽度不得低于4米。补植株数密度不低于《造林技术规程》（GB/T 15776—2023）中的最低标准。

（4）宜林地。进行种植时同时对林地进行林木补植，可按林带的方式进行，林带间隔为4～6米，林带宽度不得低于4米。补植株数密度不低于《造林技术规程》（GB/T 15776—2023）中的最低标准。

（5）未成林造林地。对未成林造林地管理抚育的同时进行种植。保障造林地树种不变，造林株数不变。

（6）特殊用地（退耕地）。按国家和地区退耕地管理办法进行，可进行林下种植，保障退耕地树种不变、株数不变。

三、林下经济产业相关理论

林下经济学是以森林生态经济系统为研究对象，以非木质林产品和森林生态产品可持续产出为目标，以多学科融合理论技术为方法和手段，系统研究林下经济资源的特点和功能，以及对它开展生态保护培育、经营开发和科学合理利用所形成的基础理论、基本方法和科学技术体系。

（一）林下经济基础理论

林下经济学以森林生态经济复合系统为研究对象。林下经济学基础理论支撑来源于生态学、经济学、生态经济学、农（林）学等学科的理论。生态学中的种群互作原理、生态位原理、界面层原理、边缘效应原理、邻体干扰原理、生态系统原理、物质循环与再生原理等理论，经济学中的市场供求原理、边际效应原理、帕累托最优原理，资源配置风险互补与最小原理等理论，管理学中的计划、组织、指挥、协调及控制原理等理论，农林学中的作物生长发育规律及其与外界环境条件的关系、农业生态工程、森林资源培育与可持续经营、森林多功能经营、资源加工与利用理论、土壤与营养、畜牧生产等理论综合交叉，为林下经济学科的形成奠定基础。

1. 生态经济学理论

生态经济学是一门交叉学科，其理论强调兼顾生态与经济两种效益，主要利用生态经济的理念在系统中进行能流的转换，催生出一种新的生产消费方式，主要研究生态与经济之间的平衡问题以及其中的一些规律。林下经济生态系统作为森林生态系统的子系统，肩负着生态环境保护与促进经济增长的责任。林下经济的发展要以生态经济学为基础，作为连接生态和经济的桥梁，大力推动林下经济的发展，促进经济的增长与生态的保护。

2. 土地经济学理论

土地经济学理论主要是围绕土地这一基本生产要素开展经济研究，土地是人类生存的基本要素，为人类生存提供必要的物质基础和相关的服务。发展林下经济的本质是科学合理地调整土地利用方式，使林上与林下空间充分结合，以达到高效地利用土地资源的目的。林下经济活动就是利用土地经济学原理，提高土地的利用效率，促进经济与生态的发展，其主要表现是充分利用土地资源提高土地资源的生产力，充分利用土地上的林业资源完善土地利用中的生产关系提高土地的利用效率。

3. 可持续发展理论

原有的林业经济发展模式中，其流程从林木资源开始，进而制造成产品，使用之后成为废物，是一种单向的线性流程、一种不可持续的模式。林下经济模式依照可持续发展的理论，丰富生态系统的物种多样性，搭建一个完整的生态网，使生态系统在短期与长期中都存在物质流与能量流的循环，大大提高物质和能量的利用效率和流动速度，使林下经济达到既满足现在的需求又能满足未来的发展。

源于这些基础理论，林下经济学探索森林生态经济系统的循环运动，推动人类经济社会活动与生态环境的协调和可持续发展，揭示经济、生态、社会和自然组成的大系统的内在联系和发展规律，寻求其和谐发展的途径。

（二）林下经济学科体系

林下经济学基础理论可由林下经济资源学、林下生态学、农林复合经营学、林下经济产业管理学4个部分构成。

1. 林下经济资源学

林下经济资源指可为人类开发利用，依托森林生态系统而栖息的动物、植物和微生物（包括菌类）资源，以及生态环境和景观资源。它们是与森林组成密不可分的整体，具备可再生性，能够进行周期性生产经营，同时具有食用、药用或者作为多种生产原料等多方面用途，具有开发利用的巨大空间。

2. 林下生态学

林下生态指森林群落中乔木以下的林地生态系统和地下生态系统状况。该生态系统包括由植物、动物和微生物及其地下水、土、气、热等无机环境组成的生态系统，由植物根系及其动植物、微生物与地表浅层土壤关系所组成。

3. 农林复合经营学

农林复合经营是建立人工或半人工的生态系统，将多年生木本植物与农作物或畜禽结合在一起而形成的土地利用系统的集合。复合农林业是在发挥森林作用和效益的基础上，合理配置群落的物种组成，协调生态系统的权衡关系，使农、林二者有机结合。

4. 林下经济产业管理学

林下经济产业管理，一方面从宏观角度研究林下经济产业的生产、交换、分配、消费环节的经济问题及其规律，另一方面从微观经济角度探讨如何合理组织生产力及资源配置等问题，是涉及经济学、社会学、企业经营管理学等内容的社会科学。

（三）林下经济技术体系

林下经济技术体系是研究林下经济生产经营管理对森林生态经济系统的影响以及利用这些规律调节林下经济的途径，使其向预期目标发展的方法和技术体系。该技术体系体现与多学科特别是林学理论间的交叉运用，还有与应用产业经济学理论、配第-克拉克定理和霍夫曼定理等结合分析产业结构演进；运用森林可持续经营理论、近自然调控机制、森林经营过程中结构功能关系及耦合理论、森林多功能协调理论、森林资源信息流的智能关系和交换机制，研究森林与林下资源统筹规划与经营的方法技术等。

1. 林下经济资源学方面

关注林下经济生物资源保护，培育和精深加工利用，林下资源研究的深度和广度将进一步拓展。森林是陆地上生物资源最丰富、生物量最大的资源宝库。据专家估计，自然界的菌物超过150万种，我国可达20万～25万种。预计已知大型真菌有3 800种以上。其中已有经济用途的有2 000多种，包括食用、药用、有毒、木腐、菌根等，目前有药效和试验有抗癌作用的有400余种。我国有高等植物3万余种，药用植物1万余种，有开发利用价值的野生淀粉植物资源约有300种；野生油脂植物约有400种，叶蛋白量高的豆科植物有1 252种，禾本科植物有1 200种。广泛分布于森林的生物资源不断被发现和利用，它们将成为满足人们生活各方面需求的资源宝库。林下野生植物、动物和微生物资源的保育理论方法和技术将为繁育利用珍贵的森林生物多样性资源奠定基础。基于不同植物、动物、微生物的多种功能，开展诸如油料、纤维、淀粉、食用、药用、观赏、生态改善等功能生物的挖掘与加工利用研究，前景广阔。森林植物基蛋白、天然药物、功能性活性物质利用等前景不可估量。有研究指出，植物基蛋白能显著降低血脂和低密度脂蛋白水平；从森林植物或者动物中发现和提取天然药物或功能成分，如萜类、黄酮、生物碱、甾体等，对人类以及一些生物具有促进生长作用，有些对治疗疑难病症有效果。此外，非木质资源绿色加工技术，为生物产业、医药、食品添加剂、功能食品、日用化学品等提供技术支撑，对发展高附加值林业生物产业具有重要意义。

2. 林下生态学方面

关注森林生态系统供给服务的核心机理，构建结构优化、健康稳定的森林生态系统，提高森林生产力和生态环境承载力，促进自然受益型经济增长，将成为研究热点。森林生态系统种群与种间关系、林荫空间、养分循环、碳库周转、地下生态系统和土壤碳库、景观效应等基础研究，将成为林下经济从理论认知到实验观测的基础。研究森林生态系统过程机制、动态演变、地理分布及经营管理试验；树种混交机制及多功能的调控机制，种间和种内相互作用及对森林生态系统整体功能的影响；森林全周期、异龄、混交、复层、近自然的森林技术及其对树种结构-碳汇能力-应对气候变化技术；基于自然的解决方案对自然和人工森林生态系统进行保护，修复和可持续管理，从而应对气候变化，生物多样性丧失等环境和社会挑战；利用森林生态系统所能提供的供给（食物、纤维、洁净水、燃料、医药、生物化学物质、基因资源等）、调节（调节气候、空气质量调节、涵养水源、净化水质、水土保持等）、支持（养分循环、土壤形成、初级生产、固碳释氧提供生境等）和文化服务（精神与宗教价值、娱乐与生态旅游、美学价值、教育功能、文化多样性等）功能，及其系统性、完整性、多元性、经济可行性、包容性等，为森林的多功能经营，从单一永续利用到多目标持续利用，最终为达到森林自然生态系统与社会系统的和谐提供理论和技术方案。

3. 农林复合经营学方面

关注农林复合系统的结构、功能、类型和效益，针对自然和人工生态系统可持续产出，促进复合生态工程优化调控将成为研究的重点。林下经济优良品种选育和可持续利用；种质资源形成基础与挖掘创新育种；林下经济复合经营技术模式；复合经营体系的森林经营、树体管理、土壤耕作和水肥管理等技术，优良品种科学配置技术；林下经济资源生态栽培仿野生栽培和野生抚育保护技术；基于栽培区生态承载力，与区域生态相适应，相协调的林荫栽培，寄生附生、野生撒播、景观仿野生等模式；绿色食品和有机食品的生产技术研发；林下经济产品加工利用技术研究、品质控制、质量标准、检测技术和监管研究等，将为林下经济集约化、规模化发展提供强有力的技术支撑。

4. 林下经济产业政策研究与管理方面

同其他学科一样，在持续加强基础理论和应用技术研究及学科人才培养的同时，应促进产学研用协调发展，引导林下经济产业向绿色健康可持续方向发展。需重点关注6个方面的问题。一是如何科学利用林地资源。在确保森林资源安全的前提下，统筹生态保护与农民增收，兼顾生态效益、经济效益和社会效益，确保产业发展与生态建设良性互动。二是如何优化政策和社会参与。充分发挥当地的资源禀赋优势，突破政策难点，鼓励利用各类适宜林地和退耕林地等发展林下经济，依法依规调整林种结构，落实配套用地，调动农民与社会资本发展林下经济的积极性。三是如何布局产业和促进产业融合。林下经济产业如何布局优化，如何调整结构，提升效益，增强产业聚集度，延长产业链，提升价值链，完善供应链，推动特色发展，实现“一地一特色”“一县一布局”。四是如何做优做精产品。坚持原生态、绿色、有机、品牌化技术路线，打造区域公共品牌和森林生态标志产品，推动订单生产、定向销售，走产销定制化发展之路。五是如何强化产业组织建设。鼓励“龙头企业+合作社+农户”“双绑”等利益联结机制，扶持专业协会建设，设立产业基金，落实农户小额贷款，提高农民的组织化水平和抗风险能力。六是如何加强市场体系建设。为农民提供林权评估、交易、融资等服务，支持电子商务、农超对接、连锁经营、物流配送等现代流通方式，加快服务全产业链发展。

（四）林下经济研究方法

1. 林下经济研究主要方法

（1）系统模拟法。在系统分析的基础上，对森林生态经济系统进行简化和抽象，通过模型来仿真生态经济系统的内部运行状况，以选出系统决策方案。

（2）效益论证法。通过实证研究、定量与定性相结合的方法等，将森林生态经济系统的目标性、整体性、相关性，适应性等视为一个系统，并对该系统中的要素、层次、结构、功能等进行定性与定量的综合分析，最后选出最优方案。

2. 林下经济研究具体方法

（1）调查法。调查法主要是运用统计调查、整理和分析方法研究与林下经济有关的各种信息，目的是了解林下经营活动的规模、种类、经营目标、效益等，为经营决策提供依据，保证其产品在市场上适销对路。

（2）试验法。试验法是研究人员根据一定的研究目的，通过控制生产要素或生产条件，改变某些社会环境或某种技术、某项设计模型等，使实践活动在特定的环境下发生，考察其产量、成本、收益等变量的变化状况。但由于控制因素不可能像在实验室那样严格，因此试验结果有一定的误差。

（3）定性分析和定量分析相结合的方法。定性分析是说明林下经济经营活动中诸多现象的性质及其变化的规律性，定量分析是从经济现象之间的数量关系方面进行研究。许多现象可以用某种标准来衡量，也可以用一定的数量来表示。研究各种经济现象之间量的关系，可以更为精确地反映经济运行的内在规律，因此我们提倡定性分析和定量分析结合开展研究。

（4）静态分析和动态分析相结合的方法。静态分析是研究一定时期内林下经济发展中各因素的影响程度及相互关系，而动态分析是研究林下经济随时间变化而发展变化的过程。从动态角度分析，能反映现象在不同历史时期林下经济的发展变化，并能根据其现象发展变化的规律对未来发展趋势做出预测。二者相结合有利于研究现象变化的规律性及各因素的影响程度。

3. 林下经济研究其他方法

（1）在技术和工艺方面。有森林功能区划方法、森林资源调查和动态监测方法、资源数据统计分析与建模方法、数学规划方法、森林资源及经营效果分析评价方法等。

（2）应用学科交叉方法。有物种选择与配置技术、生物质与能量多级利用技术、森林和非木材资源多功能经营技术、效益评价及监测技术、数据与计算机仿真技术、森林资源经营决策及规划技术、森林资源评价与控制调整技术，以及相关技术标准、指标和流程等。

第二章 林下经济产业模式与技术

一、林下经济产业模式

（一）林下经济产业模式概况

我国林地面积大，由于气候、地理差异和生态系统的多样性，市场需求和经营个体等因素的影响，林下经济发展模式呈现多样化。林下经济产业模式是林区复合型生产模式的体现，包括林下种植模式、林下养殖模式、林下产品采集加工模式、森林景观利用模式和多元复合经营模式五大类经营模式。

1. 林下种植模式

林下种植模式，就是充分利用林下土地资源，发挥林下空间优势，在进行林木种植的同时在林下间套种其他经济作物，是一种立体复合种植模式。相对于林下养殖、林下休闲旅游等模式，林下种植模式是应用最广泛、发展最成熟的一种林下经济模式。

林下种植主要包括林-药模式、林-粮模式、林-菌模式、林-草模式、林-油模式、林-花模式、林-果模式、林-菜模式、林-苗模式、林-茶模式等经营模式。

2. 林下养殖模式

林下养殖作为一种循环经济模式，是以林地资源为依托，以科技为支撑，充分利用林下自然条件，选择适合林下养殖的家畜、家禽等种类，进行合理养殖。

林下养殖主要包括林-禽模式、林-畜模式、林-蜂模式、林-渔模式、林-特模式等经营模式。

3. 林下产品采集加工模式

林下产品采集加工是充分利用大自然为人类提供丰富资源，对森林中可利用的非木质资源进行的采集与加工活动。

林下产品采集加工主要包括采集和加工野果、野菜、野生菌、茶饮料、香料、药材等林下产品的经营模式。

4. 森林景观利用模式

在培育森林的同时也为森林旅游业提供景观资源。通过合理规划、建设和经营，将其变成森林公园、自然保护区、风景名胜区、植物园、林场、森林狩猎场等景观，提供给旅游消费者。森林景观利用主要包括发展森林游览观光、森林康养、森林人家、林家乐、农家乐等经营模式。

5. 多元复合经营模式

多元复合经营模式是以林地资源为依托，以科技为支撑，充分利用林下自然条件，选择适合林下生长的微生物（菌类）和动植物种类，进行合理种植、养殖、利用等的循环经济模式。

发展林下多元复合经营模式的核心在于系统性地利用林地的小环境资源发展立体、生态、可持续循环的综合利用模式。林下综合利用模式多种多样，有林–农–牧、林–草–牧、林–农–牧–游、林–草–牧–游等复合模式。

（二）林下种植模式

1. 林–药模式

林–药模式指依托森林、林地及其生态环境，在林内或林地边缘，开展药用植物种植或半野生药用植物驯化的一种经营模式。充分利用林木遮阴效果和药材的喜阴特性，在林间空地上种植较为耐阴的药用植物，不仅有利于解决林、药用地争地的尖锐矛盾，盘活土地资源和提高整体利用率，还可以起到改良土壤理化性质、促进林木及林下植物良性生长的作用，达到“以短养长”的效果。

林–药模式中技术比较成熟或可供开发的中药材品种繁多，主要有灵芝、天麻、田七、枸杞、黄连、金银花、红景天、何首乌、党参、五指毛桃、益智、金线莲、铁皮石斛、仙草、草珊瑚、太子参、天门冬、黄精、厚朴、七叶一枝花、砂仁、巴戟天、草果、板蓝根、刺五加、白芷、茯苓、雷公藤等。

2. 林–菜模式

林–菜模式指依托森林、林地及其生态环境，在林内或林地边缘，开展蔬菜或野菜种植的一种经营模式。根据各种蔬菜不同的喜光特性及林荫、林间光照程度，科学合理选择林下种植不同品种、种类的蔬菜或野菜，可充分利用土地，是一种经济效益较高的经营模式。

适合林–菜模式种植的菜类有大葱、青椒、茄子、卷心菜、黄花菜、蒲公英、蕨菜、马齿苋、薇菜、苋菜、落葵、乌塌菜、荠菜、黄秋葵、山芹菜、荆芥、紫苏、树番茄、菊花脑、紫背菜、金丝瓜、香椿等。

3. 林–草模式

林–草模式是指依托森林、林地及其生态环境，在林内或林地边缘，开展饲草或绿肥等草本植物种植的一种经营模式。利用林下野生草本植物或林下人工种植饲料植物，形成的多层次人工植被，为畜禽提供饲料，获得绿色、安全、畅销的动物产品，以此来提高林业经济效益。优质牧草能够改善林地环境，同时，林下的空间大，畜禽的生长更加自然，能够保障畜禽的健康生长。

适合林-草模式种植的林草品种有苜蓿草、黑麦草、红三叶草、白三叶草、鸭茅、无芒雀麦、狼尾草、鲁梅克斯、王草、柱花草、仙草等。

4. 林-菌模式

林-菌模式是指依托森林、林地及其生态环境，在林内或林地边缘，开展食用菌栽培和人工保育的一种经营模式，包括采用林间地表栽培食用菌、林间立体栽培食用菌、林间覆土畦栽培食用菌、林间采摘利用食用菌4种形式。林下种食用菌有利于增加林地土壤微生物的丰度和多样性，增加林地土壤湿度，树冠内的光照通过表层塑料膜的反光显著增强，有利于喜光植物的生长；另外，菌类培育后的废弃养料袋作为林木植物的上等有机肥料，可有效实现植物链的良性循环。

林下主要培养菌类有香菇、平菇、鸡腿菇、红菇、木耳、竹荪、灵芝、草菇、黑木耳、毛木耳等。

5. 林-油模式

林-油模式是指依托森林、林地及其生态环境，在林内或林地边缘，种植浅根性油料作物的一种经营模式。油料作物作为浅根性植物，可大面积地覆盖地上表层，有效防止水土流失，同时部分油料作物根部具有固氮根瘤菌，可显著提高土壤肥力，促进林木良性生长。

林油经营品种主要有油茶、大豆、花生、无患子、文冠果、小桐子、光皮树等油料作物。

6. 林-粮模式

林-粮模式是指依托森林、林地及其生态环境，在林地或林地边缘，开展粮食作物种植的一种经营模式。在成林或幼林中间作粮食作物的林农间作模式，可以耕代扶、疏松土壤、消除杂草。适用于1～2年树龄的速生林，此时树木小，遮光少，对农作物的影响小。

林下可种的作物品种有小麦、绿豆、大豆、甘薯、玉米、薏苡、山药、魔芋等。

7. 林-花模式

林-花模式是指依托森林、林地及其生态环境，在林内或林地边缘，开展具有一定观赏价值、经济价值花卉种植的一种经营模式。一般是在稀疏的林地中种植木本花卉，在密度较大的森林中或者果园中种植草本花卉。林下阴湿、温凉、厚腐殖质的自然环境是大多数兰花和荫生植物花卉适宜生长的处所，在林下栽培这类植物对林地自然生境的影响甚微。

较为适宜林下种植的花卉有春兰、蕙兰、剑兰、兜兰、石斛、花叶芋、铁线蕨、马蹄莲、虎眼万年青、百合属、水仙类、白头翁、秃疮花、洋地黄、米口袋、金莲花、石竹、侧金盏、牡丹、芍药、玉簪等。

8. 林–苗模式

林–苗模式是指依托森林、林地及其生态环境，在林内或林地边缘，套种较珍稀的绿化苗木的一种经营模式。因为苗木在生长前期需要一定庇荫的环境，特别是多山地区，稀疏林可以培育木本花卉苗，间距大时还可培育喜光的观赏花木。

林–苗模式的苗木品种主要有竹柏、红豆杉、厚朴、野鸭椿、香樟、闽楠、丹桂、樱花、桂花等。

9. 林–茶模式

林–茶模式是指依托森林、林地及其生态环境，在林内或林地边缘，开展的林–茶套种或林茶间作的一种经营模式。林茶间作遮阴适度，调节茶园的光、温、水和大气状况，提高空气湿度，增加土壤有机质和养分，改善茶园的小气候环境，并使茶园群落环境得到改善。林–茶模式不仅有利于提高茶叶产量，降低茶叶粗纤维含量，使得茶叶柔嫩清香，提升茶叶品质；还可以提高土地和光能利用率，增加茶园生物多样性，对茶树病虫害的发生也有一定的抑制作用。林茶间作还能净化空气，有利于生产绿色食品茶、有机茶。夏季，林木能对茶树起到遮阴作用；冬季，提高土温，减轻或防止茶树冻害；雨季，能拦截径流，有利于蓄水保土；平日，抑制杂草生长，减少养分损失。

林–茶模式可选择在阔叶林内、果林内种植茶树，以达到相辅相生的目的，如浙江和安徽一带的“茶+杨梅–银杏–油茶”的模式及“核桃–青梅–阔叶林+茶”的模式。

10. 林–果模式

林–果模式是指依托森林、林地及其生态环境，在林内或林地边缘，开展果树种植的一种经营模式。

在林内郁闭度低于0.5，且林内株距行距较大时可采用林果模式，如东北红松林下种植车厘子或杨树，在经济林林下种植西瓜，尤其适合经济树种结果期前的林地利用。

（三）林下养殖模式

1. 林–禽模式

林–禽模式是指在不破坏森林资源和生态环境前提下，依托森林、林地及其生态环境，在林内或林地边缘，开展家禽养殖的一种经营模式。依托森林生态系统多样性，充分利用林下小动物、昆虫及杂草植物多的特点，在林下放养家禽，投资少、见效快、销路多，且可控制林下杂草生长，粪便肥林地，与林木形成良性生物循环链，有利于改善土壤条件，提高禽产品质量，可为百姓提供绿色健康食品，获得双重收益。

林下模式养殖品种有鸡、鸭、鹅等家禽，鸡的品种有土鸡、芦花鸡、乌鸡、三黄鸡、绿壳蛋鸡、贵妃鸡等。

2. 林–畜模式

林–畜模式是指在不破坏森林资源和生态环境前提下，依托森林、林地及其生态环境，在地势平坦疏林地或开阔林地边缘，开展牲畜（家畜）养殖的一种经营模式。

林地养畜有两种模式：一是放牧，即林间种植牧草可发展野兔、奶牛、肉用羊、黄牛等养殖业，林地养殖解决了农区养羊、养牛无运动场的问题，有利于畜类的生长、繁育，同时为畜群提供了优越的生活环境，有利于防疫；二是栏舍饲养家畜，如林地养殖肉猪、黑山羊等，由于林地有树冠遮阴，夏季温度比外界气温平均低2～3℃，比普通封闭畜舍平均低4～8℃，更适宜家畜的生长。

3. 林–蜂模式

林–蜂模式是指依托森林、林地及其生态环境，利用森林中蜜源和粉源植物在林内或林地边缘，放养蜜蜂，发展养蜂业的一种经营模式。利用柑橘等特色林木发展林下养蜂，对森林植物本身基本上没有不利影响，养蜂还能促进植物授粉，利于植物繁殖和天然更新。

林–蜂模式常见的有两种模式：一是固定式，即选择在林分较好，四季有花的固定林分内放养蜜蜂；二是随机式，即追随蜜源植物放养蜜蜂，范围不定，选择开花繁多、蜜源丰富的植物，如龙眼、荔枝、枇杷、柑橘、刺槐、椴树等经济果木林。

4. 林–渔模式

林–渔模式是指依托森林资源及生态环境，在林内或林地边缘，开展淡水鱼类和甲壳类等养殖的一种经营模式。

在水产养殖区，尤其是精养区，陆地较多，通过栽植耐水湿树种，发展林果是一种很好的途径。利用鱼塘基埂栽果树（或桑树）及水杉、池杉，通过鱼塘养鱼产生肥源来增加基面有机质，促进果树（或桑树）丰产，树木速生。在红树林保护区，可以适当利用滩涂养育螃蟹等种类繁多的动植物。

5. 林–特模式

林–特模式是指依托森林资源及其生态环境资源，在林内或林地边缘驯养、繁殖、保护和开发利用特种经济动物的一种经营模式。

特种经济动物如林下养殖牛蛙、蚯蚓、白蜡虫、紫胶虫、金蝉、蟾蜍、梅花鹿等。林蛙养殖通常选择水质好、零污染的林地，同时养殖地点必须靠近“三山夹两沟”或“两山夹一沟”的小流域，以保证林下湿度大、盛夏季节光照弱、温度低。

6. 林下种养结合模式

林下种养结合模式是指依托森林、林地及其生态环境，在林内或林地边缘，开展林下种植和林下养殖两种或两种以上的模式组合，形成立体种养或者循环种养模式。

如利用林下种植的牧草，作为牛、羊、鹅等草食性动物饲料，放牧鹅等动物；利用修剪的林木枝条粉碎作为种植食用菌的袋料，利用食用菌生产的袋料废弃物作为林下牧草或林木生长回哺营养，也可作为水产饲料来源。

（四）林下产品采集加工模式

1. 林下产品采集模式

林下产品采集是指在天然森林和人工林地中进行的各种林木产品和其他野生植物的采集活动。

采集的林下产品涉及中药材、食用菌、竹笋、野菜、松脂、沉香、蜂蜜等。

2. 林下产品加工模式

林下产品加工即对林下种植、养殖模式所获得的初级农副产品进行进一步加工，加工的产品进行销售，形成林下经济产业链，在对初级林下经济产品进行深加工后可得到高附加值产品，高附加值产品更具有市场竞争力，且能提高经营农户的经济收益。

林下产品加工包括中药材加工、食用菌加工、竹笋加工、野菜加工、藤芒编织、竹产品加工、木本油料加工、果蔬加工、茶饮料加工、香料加工、木本果类加工、林产化学原料及化学制品制造、林产工艺品加工制造等。

（五）森林景观利用模式

1. 森林休闲娱乐开发模式

这种森林旅游开发模式要求森林旅游区区位条件良好，有良好的可进入性，旅游基础设施与接待设施比较完备。一般位于大城市周边地区，以休闲娱乐、消夏避暑、周末度假为主要功能。这类森林植被丰富，生态环境良好，适于开展森林游憩、野炊、野营等户外活动，如北京西山国家森林公园、黑龙江的牡丹峰森林公园、陕西的朱雀森林公园等。

2. 森林自然观光开发模式

这种森林旅游开发模式要求森林景观类型多样，森林风景、自然风光和人文景观都比较突出，自然生态环境保护较好，旅游吸引力强。这种森林旅游区以自然观光为主要功能，以其绚丽优美的森林风景取胜，有最为诱人的自然风光，适于开展风光游览、动植物景观观赏等旅游活动，如湖南的张家界、陕西的太白山国家森林公园。

3. 森林度假疗养开发模式

这种森林旅游开发模式要求在森林中有能大量散发出挥发性物质芬多精的植物，如樟科、松科、芸香科植物，同时森林植被生长旺盛，树木高大、森林封闭度高。一般地处偏远的山区，受外界影响小，以温泉、海滨疗养和森林保健等为主要功能。这种旅游区内有丰富的空气负氧离子，有利于人的身心健康，适于开展度假、疗养等旅游活动，如肇庆鼎湖山自然保护区、威海海滨森林公园等。

4. 森林生态体验开发模式

这种森林旅游开发模式要求森林生态系统完整，生物多样性丰富，并且在森林区范围内有民风淳朴的少数民族分布其间，一般远离大城镇，在偏远的乡村地区，以体验优美的自然环境和当地生态文化为主要功能。这些旅游区内自然景观与人文景观和谐统一，达到一种“天人合一”的境界，适合开展体验森林生态系统和当地文化的旅游活动，如湖北大老岭国家森林公园、辽宁旅顺口国家森林公园。

5. 森林秘境探险开发模式

这种森林旅游开发模式要求有大面积的原始森林或原始次生林，人迹罕至，以野、幽、秀、奇为特色，一般地处深山老林，远离城市，并且生态环境大部分处于原始状态，受人类的干扰较小，适于开展寻秘、探险等旅游活动，如湖北神农架、云南西双版纳国家级自然保护区等。

（六）多元复合经营模式类型

1. 林-茶-游模式

茶园跌宕起伏，茶树修剪整齐，层层叠叠，满目青翠，林木点缀其中，四季有景色变化，有花香和果香，会使越来越多的游客光顾流连，可开展休闲观光、炒茶、品茶活动。

2. 林-药-游模式

林下套种道地药材，可开展创意赏花、摄影、采药、品药膳、养生等多种体验活动。

3. 林-花-游模式

林下套种花卉维护简单、景观效果稳定，形成具有视觉震撼力的休闲农业景观，可开展花卉观赏，苗木种植、销售、鲜切花，花卉深加工、延伸品，婚纱摄影、婚礼举办，花卉养生、保健、美容等。

4. 林-菜-游模式

林下套种蔬菜结合休闲农业，可开展农耕体验、农耕教育、采摘观光、美食制作等活动。

5. 林-草-游模式

林下套种牧草结合休闲农业，可开展割草、草编工艺、喂鱼、自然教育、家庭亲子体验活动。

6. 林-粮-游模式

林下套种粮食结合休闲农业，可开展移栽苗、收割、除草、施水、农事体验、亲子互动、科普教育、养生美食等活动。

7. 林-菌-游模式

在林果园下间作种植食用菌，可开展种蘑菇、采蘑菇、加工蘑菇、学习蘑菇知识、亲子互动等体验活动。

8. 林–畜–游模式

以林地作为养殖基地，结合休闲农业，可开展牛（羊）拉车、喂草、与小牛（羊）羔亲密照相、认养等体验活动。

9. 林–禽–游模式

林地作为养殖基地，结合休闲农业，可开展抓家禽、捡禽蛋、青草饲喂、家禽认养等体验活动。

二、林下经济产业技术

科技创新是促进林下经济产业高质量发展的关键。林下经济产业技术包括林下种植技术、林下养殖技术、林下产品加工技术和多元复合利用技术等类型。

（一）林下种植技术

林下种植模式要取得良好效益，必须配套产地环境维护、节水灌溉、品种选育、良种繁育、节本增效栽培、科学施肥、病虫害防治、农机装备等技术。

1. 种质资源创新利用

重视对林木及间作作物优良种质资源的挖掘、保护和创新利用，建立可持续的遗传资源管理体系，开展橡胶树、椰子树等高大乔木林下植物资源考察收集，筛选和繁育可利用的林下植物。

2. 遗传育种技术

以作物遗传育种理论与方法、新型育种材料培育、重要经济性状遗传及其控制基因表达调控、新技术育种和品种繁育等为主要研究方向，培育高产、高抗、优质和环境友好型热带作物新品种，探索和阐明热带作物品种改良的理论方法与技术。

一是借助DNA分子标记等技术手段，提高遗传育种的效率和可靠性。二是建立多基因组装的分子设计育种理论和技术体系，实现传统遗传改良向品种分子设计育种的跨越，构建热带作物高效、快速遗传改良的新模式。三是尽快建立热带作物高效遗传转化体系，开展热带作物基因工程育种。

3. 良种繁育技术

重视开展林木及间作作物品种繁育技术研究，创制高效、低成本良种繁育技术；制定林木及间作作物良种生产规程或标准，实现良种标准化生产；开展林木及间作作物种性退化与复壮研究。

4. 节本增效栽培技术

探索和阐明林木及间作作物高产、优质、高效、持续生产和生态安全的理论方法与技术，重点研发林木及间作作物抗逆高产高效栽培原理与技术、林木及间作作物生理与产量形成机制，为我国林下经济产业发展提供高效栽培技术保障。

一是研究林木及间作作物的生长发育规律、超高产理论、逆境条件下的信号转导及调控网络，在传统栽培研究的基础上，结合现代生物技术、信息技术及现代材料物理学和数学学科的研究理论与方法，加强作物抗逆栽培原理与技术研究，提升作物栽培的精准化、智能化水平。二是开展林下间作配套技术研究，提高作物单位面积土地的产出率；开展林下复种适应性研究，建立林下复合栽培种植模式。三是在传统精耕细作的基础上，开展作物精确定量化栽培、数字农作技术和作物生产信息化管理技术的研究开发。四是加快栽培与材料学科的交叉发展，随着环境保护意识的加强和劳动力费用的不断上涨，应加快生物材料覆盖替代技术的研发。五是热区极端性风、旱、寒等自然灾害发生的频率在逐年增加，需加强作物逆境栽培生理学研究，提出适合我国热区环境条件和耕作习惯的生态、高效、轻简化作物抗逆栽培技术体系。

5. 产地环境评价与土壤调控

参照绿色农业对产地环境的要求标准与产地管理模式，建立对生产中投入品、产地土壤演变与灌溉水环境质量的监测方法，并进行长期监测，建立基础数据库；针对污染或退化土壤，开展污染与退化形成机制及修复技术研究，建立配套的恢复技术方案，保障土壤质量与土壤持续生产能力。

6. 节水灌溉及水土保持技术

水是林木及作物良好生长的基础，没有足够的水分，就很难取得良好的效益。一是做好节水灌溉的准备。在地面水源充足的地方，可通过直接挖灌溉水沟或者铺设用水管道把水直接引到林地附近，再通过淋喷头、滴灌带等引入林间进行喷滴灌；在地面水源不足的地方，要提前打好井，以备需要的时候可以抽取地下水。二是做好林下水土保持。做好地面覆盖，以防地面裸露的地方被雨水冲刷；合理开挖排水沟，在水土流失较为严重的坡地，还要把林下行间地面改为反倾斜面，再把雨水冲刷的破坏力降至最低。三是加强土壤墒情监测，配套土壤墒情监测设备，实现实时自动、方便快速，掌握土壤水分供应和作物缺水状况，科学制定灌溉制度，全面推进测墒灌溉。

7. 科学施肥技术

林木与林下作物争肥是林下经济种植模式的常见矛盾，其根源一般是没有兼顾林木及作物对肥料的合理需求。

一是研究林木及间作作物不同发育阶段的养分需求规律和施肥效应，针对不同种植区的土壤肥力状况，提出不同土壤条件下种植的适宜肥料配方，为合理施肥提供技术支持。二是根据不同热带作物的需肥规律与作物生长环境喜好、土壤性质及系统物质输入输出平衡原理，建立以施用有机肥为主配合平衡施氮、磷、钾肥的技术方案。三是开展精准施肥技术和缓释肥技术的研究，重点推进林木及间作作物水肥一体化技术。根据生产实际，制定用于水肥一体化技术的水溶性肥料标准，规范和引导水溶肥料行业发展。四是开展新型肥料的研发，施用水肥或者叶面肥，提高肥料的水溶性，优化肥料配方，降低生产成本。五是开展水溶肥料、灌溉设备、监测仪器等相关水肥一体化新设备、新产品的试验示范，为大规模推广提供依据。

8. 病虫害防治技术

在种植模式的选择搭配上，要先考虑避免林木与间作物间存在共生病虫害。比如，在橡胶林下一般不主张种植木薯，因为有研究表明，木薯与橡胶均是橡胶树紫根病的寄主，橡胶林下间种木薯可能会提高紫根病发生的风险。

在病虫害的防治上，相对于传统的化学农药防治技术，可采用黑光诱虫杀虫灯、频振式杀虫灯、黄板、昆虫性信息素诱剂、生物农药制剂等物理或生物防治新技术进行防治，以减少传统化学农药的施用，减少对环境的污染，节约成本，减少农产品的农药残留，提高产品质量。

针对林木植株高大、生长年限长、生境复杂、病虫害多发重发、土壤保水保肥差、盲目施肥施药、施用技术落后、技术集成度低、肥药利用率低等特点和问题，在明确作物化肥推荐施肥量和病虫害防治指标的基础上，研发基于作物化肥农药减施的新型肥药产品和关键技术。

9. 全程机械化技术

针对林木及间作作物生产机械化难点多、实现难度大等问题，将推进种植区域宜机化改造，根据田间机耕道路、平整度、耕作层厚度等宜机化指标，结合热区实际，探索制定高标准农田和丘陵山区种植区域宜机标准。选择适合机械化种植的作物品种，布局建立试验示范基地，开展生产机械化农机农艺技术融合研究，突破小品种作物机械化瓶颈，提升特色优势产业竞争力。推进农机农艺融合，制定和完善特色作物机械化生产的种植模式和作业规范。

（二）林下养殖技术

林下养殖模式配套技术集优良品种选择、棚舍搭建、饲料配制、饲养管理、病害防治等于一体。

1. 畜禽遗传育种技术

瞄准世界前沿，发展和利用高新生物技术，多层次、多角度、系统解析畜禽重要经济性状的组学基础，发掘优异种质资源，创新以动物表型组、多组学大数据育种为代表的动物育种新方法和新技术，持续选育高产、优质的畜禽品种（系）。

2. 动物良种繁殖技术

以动物繁殖机制与繁殖新技术为重点，深入解析动物繁殖机制，争取获得理论上的重大突破，提升传统繁殖技术的效率。通过集成、优化和发展，创新繁殖新技术，提高动物繁殖技术应用的效率、水平和广度，提升畜禽繁殖效率，促进畜禽育种推广。

3. 畜禽品种选择技术

优良的畜禽品种是林下养殖的生命线，选择好饲养品种是取得经济效益的关键一步。品种要适合本地气候条件，同时应符合市场消费需求；注意选择适应性强、抗逆性强、食性广、食量大、肌胃发达、消化能力强的品种，既适于圈养，又可在林地放养。挑选优质的畜禽品种，为林下养殖模式提供高水平繁殖技术，有利于林下养殖业的发展。

4. 畜禽棚舍搭建技术

以智能化环境调控、养殖数据传感与大数据分析技术、智能化生物安全管理技术、智能饲喂机器人的应用研究为重点，重点突破人工智能养殖新技术、新方法，为林下养殖提质增效和向智慧化转型升级提供理论与关键技术支撑。畜禽棚舍设计要充分考虑地势、交通、排水、卫生要求，便于清理、消毒和防疫，而且能够有效地与外界隔离，减少外来动物的进入。棚舍修建应根据饲养畜禽品种、养殖规模、养殖方式等而定，修建高质量的棚舍，为林下养殖模式提供良好设施，有利于饲养管理，有效预防常见病害发生。

5. 畜禽饲料配制技术

种植的牧草可直接用于放养畜禽，也可粗加工成鲜饲料饲养，节省了饲料开支。牧草的选择应具备青绿期长，适口性好，鲜草产量高，营养丰富，有良好的耐践踏性和持久性，每年可多次刈割，适合林地种植，如柱花草、紫花苜蓿、黑麦草等。针对饲草料难以加工贮存，大量农副产物，如甘蔗叶梢、甜玉米秸秆、木薯茎叶等无法利用而造成的资源浪费和环境污染问题，采用多菌种混合固态发酵和酶法降解生物发酵技术，集成创新秸秆高水分青贮技术、生物发酵技术，优化青贮饲料加工工艺流程，建立农业废弃物饲料化加工关键技术及调制新工艺，集成创新秸秆饲料化利用技术，开发农业废物秸秆优质青贮草产品。

6. 畜禽饲养管理技术

以营养基因组学、代谢组学与精准饲养为核心，系统解析重要营养素在不同品种、不同生理阶段、不同生产目的、不同生产环境条件下的代谢转化机制，深入探索不同养殖模式下“营养-肠道微生物-宿主”互作调控机制，开展新型生物饲料和饲料添加剂资源开发，创新现代集约化条件下的精准营养与饲养技术。开展舍饲高效饲养技术研究，加强研究开发舍饲条件下畜禽生长发育、疫病防治的措施和技术研发，以提高饲养效率，提升草畜配套养殖效益。掌握饲养畜禽的生活习性，有利于林下养殖的畜禽快速出栏。林下养殖畜禽种类多，每一个品种都有其独特的生活习性，应根据其生活习性进行饲料选购、饲料配制及科学饲养，并在棚舍内外准备足够的食槽和水槽，让畜禽自由采食、自由饮水，保证吃饱喝足。

7. 饲养环境管理技术

畜禽养殖废弃物的环境污染问题已成为制约畜牧业发展的关键因素之一，养殖废弃物的环境监测、污染环境修复与资源化利用是保障畜牧业可持续发展的重要基础。围绕林下养殖模式的饲养管理，应按照不同种类畜禽采取相应的饲养管理措施，改善畜禽的行为规律与福利。为满足各类畜禽的营养需要，需喂给营养较为平衡的配合饲料。在台风、暴雨等天气，畜禽应在棚舍内饲养；阴晴天放养，夜间进棚舍。各种畜禽棚舍内均应每周清扫2～3次，经常保持干净，保持棚舍内通风和空气清洁，降低棚舍内湿度。

8. 畜禽疫病防治技术

畜禽疫病防治工作十分重要，是林下养殖模式的重中之重。一是注意健康状况。应在动物机体处于健康的状况下接种疫苗，才能产生良好的免疫效果。二是注意防疫程序。防疫时应按照畜牧兽医部门对当地疫病流行特点设计制定的防疫程序进行。三是选用优质疫苗。使用前应详细检查疫苗名称、生产厂家、批号、有效期、贮藏条件等，是否与说明书相符。四是注意使用方法。在使用前，应详细核对疫苗名称与所预防的疫病是否相符；使用的器械是否经过清洗、消毒；是否严格按要求使用指定的稀释液和按规定的方法进行操作；稀释后的疫苗要在规定的时间内用完；接种的剂量是否准确无误等。五是减少应激反应。要特别注意加强饲养管理减少应激反应。六是防止早期感染。要切实搞好环境卫生和消毒，严防病原入侵。

（三）林下产品加工技术

林下经济要取得良好效益，必须重视林下产品加工储藏及副产品的利用等环节，如产品的机械收获、加工、贮藏及销售，以及副产品的合理利用等。

1. 林木产品的加工贮藏技术

包括林木产品的采收、加工以及贮藏、运输环节。加强林木产品的加工贮藏管理，可提高产品一致性，提高产品质量，延长贮藏运输时间，增加产品的附加值。

（1）天然橡胶加工技术。根据世界天然橡胶加工业的发展趋势，我国天然橡胶初加工可重点优先研究天然橡胶低碳环保、节能清洁的加工新技术与装备，促进加工业的优化升级；开展专用天然橡胶制备与性能的研究，生产各种专用橡胶，如航空轮胎专用胶、避孕套专用胶乳等，满足不同用户的不同需求；开展天然橡胶加工废气、废水综合处理利用；通过天然橡胶标准的宣贯和实施，将技术转化为标准，使标准促进技术进步，全面实现我国天然橡胶的标准化生产。

天然橡胶深加工方面的研究主要包括环氧化天然橡胶、脱蛋白质天然橡胶、氯化天然橡胶、天甲橡胶、天然橡胶纳米复合材料、天然橡胶共混型热塑性弹性体等方面。优先发展的方向为环氧化天然橡胶、脱蛋白质天然橡胶和天甲橡胶。改性橡胶重点面向材料功能化结构设计和控制技术、精细化生产装备研发、新材料的应用领域及产品质量一致性控制等关键科学问题，为新功能材料的应用研究取得突破奠定基础。

（2）其他林产品加工技术。其他林产品有核桃、油茶、椰子、槟榔、沉香、花梨等林木产品，发达国家和地区在该领域发展很快。近年来，超临界萃取技术、真空冷冻干燥技术、微波加热与杀菌技术、超高压加工技术、低温粉碎技术、膜分离技术和微胶囊技术等不断应用于农产品加工领域，现代物流技术和电子商务模式进入农产品加工领域，应借鉴发达国家的产业建设经验，通过引进先进加工技术和加工模式，消化后进行技术再创新。同时，根据市场发展需求和技术需求，自主开发，进行产学研示范。

加快健全现代林产品加工全产业链标准体系。将最新的科技成果引入林产品标准中，提高标准的技术水平，建立一批适用于新工艺、新材料、新生产方式的新型标准体系，体现标准对林业科技进步和产业升级的引领。抢先完成林产品加工国际标准的制定，提高标准的国际话语权。

2. 林下产品的加工储藏技术

优先发展林下产品（经济作物、果蔬、畜禽）的贮藏保鲜与物流、原产地初加工、精深加工和综合开发利用。主要包括经济作物的原产地初加工、果蔬贮藏保鲜与物流、中草药、香辛饮料的精细化加工。

（1）特色食品营养基础研究。当前，迫切需要开展中国人群膳食需求、健康调控机理与精准营养理论研究；同时，要加强林下产品营养基础数据的系统收集，了解林下产品中功能营养特点，解决当前林下产品基础营养数据缺乏的问题，为林下产品向营养健康食品升级提供基础支撑。

（2）林下产品精细化加工技术。以提高林下产品加工机械化、自动化水平（即推进加工工艺与加工装备融合），促进林下产品多元化加工利用，推动林下产品加工业转型升级为目标，加快林下产品中功能组分和特色组分挖掘利用关键技术研究，加强林下产品营养健康功能评价，让科技引领林下产品向高端特色的食品工业、制药工业、饲料工业、纺织工业和化妆品行业拓展延伸，精细化梯次利用科技推动林下产品增值和农林业增效。

（3）林下产品产地加工设施研发。开展林下产品产地初加工实用技术和设备设施研发和推广工作，丰富林下产品产地初加工技术规程，完善相关技术手册，加大技术和设施在林下产品产地的推广和普及力度，推进林下产品产后损耗率降低。在新一轮自动化、智能化的林下产品加工生产方式下，注重食品生物技术和纳米技术、大数据、物联网、区块链等的运用，引导和支持以企业为主体的技术创新，推动林下产品精深加工高新技术落地。

3. 热带林下副产品利用技术

热带林下副产品的利用技术主要包括林下作物加工后的废料合理利用等。

（1）副产物功能价值挖掘。基于副产物特性，充分挖掘农副产物食用、药用等价值，开展全方位功能价值评价和功能组分分离提取研究，变废为宝、提升价值链，提高农业综合效益。

（2）多功能多元化产品加工。挖掘粮油、果蔬、畜禽、水产等加工副产物潜在功能价值。研发米糠油、胚芽油、膳食纤维、多糖、多肽、有机钙等食品或食品配料，研发饲料、肥料、基料及果胶、精油、色素等新材料、新产品。

（四）多元复合利用技术

1. 生态农业模式设计与评价

根据林下系统资源特点及资源之间相互作用关系，围绕服务目标开展不同的技术组合与集成路线/流程设计，并通过系统评价方法评价不同模式的生态效益、经济效益和社会效益，为生态农业模式的推广应用提供理论依据。

如幼龄林行间光线充足，可以间种蔬菜或者果树；当林木达到成龄林时，荫蔽度增大，即便种植蔬菜也基本处于停止生长的状态，果树也没有产量，此时应该根据实际情况变更种植模式，选择在地面种草、养殖家禽家畜等。

2. 生物多样性利用技术（林下经济与间套作技术）

充分利用动植物间生长时间差与对光热资源需求的互补特性、动植物间的促生互利特性和对病虫害的趋避引诱作用，开展间套作技术研究，包括短期作物间套作及林下种植中药材、花卉、香辛饮料作物、瓜菜水果与牧草等技术；利用林下良好的生态环境、丰富的空间与饲料资源，构建以林段消纳畜禽粪便为基础的兼顾畜禽健康与生态环境健康的种养系统，形成系统配套的林下养殖技术。

3. 农林产品质量安全技术

一是农林产品质量安全评估技术。重点研究环境污染物、农药残留、兽药残留、添加剂、植物生长调节剂、生物毒素等危害因子的风险评估理论方法、评估模型及评价技术，创新资源食品营养、保健功能和安全性评价方法。二是热带农林产品质量安全检测技术。重点研究高灵敏度、多组分、快速检测的前处理技术和检测方法，以及仪器与试剂等，包括掺杂使假鉴定，营养品质近红外快速检测，生物活性物质检测，农药、肥料、添加剂饲料、环境和化学污染物（重金属、农药残留、兽药残留、禁用药物）、持久性有机污染物和环境内分泌干扰物检测，以及生物毒素、病原微生物和转基因成分检测等。三是农林产品质量安全标准技术。重点研究产品标志性品质评价指标、有害污染物的发掘与评估，主要污染物的污染水平调查和变化趋势，农林产品有毒、有害物质安全限量标准，农林产品病原微生物控制技术标准，农药使用准则，食品添加剂使用标准，国内外标准的对比与采标研究。四是农林产品质量安全调控技术。重点研究有毒、有害物质的吸收、转化、代谢、积累、分布和降解规律，环境对农产品污染的机制与污染控制技术，投入品的安全控制技术，生产、加工、包装、贮藏和流通等过程的安全控制技术（如残留控制技术、保鲜技术），新材料（如菌种）、新技术和新工艺的安全性研究。五是农林产品质量安全信息技术。主要包括农林产品质量安全的监测网络建设、信息处理技术、快速溯源技术和预警预报技术等。

4. 农林废弃物综合利用技术

随着我国集约化农业和加工业的迅速发展，大量农林种植业、养殖业和加工业的固体有机废弃物被浪费掉，如水稻、小麦、玉米、油菜等作物秸秆就地焚烧、规模化养殖后的畜禽粪便和加工业的下脚料等随地弃置，这不仅严重污染了环境，也极大地浪费了有机肥产品的原料，同时造成大量的养分资源流失于“土壤-植物”系统之外，明显地削弱了我国农林业可持续发展的能力。

（1）农林废弃物循环利用技术。针对特定系统开展系统内物质循环利用技术研究，重点研发有效处理作物秸秆和畜禽粪便等农林业固体有机废弃物的技术。主要包括副产物的饲料化、能源化、肥料化、基质化和材料化循环利用，废弃物减量化、无害化、资源化综合治理等相关技术研究，使系统内物质得到高效循环，使效益最大化。

作物秸秆综合利用技术包括秸秆青贮、堆肥、气化、养菇、制作建材和直接还田等；畜禽粪便的处理和利用方式主要有固体圈肥、高温堆肥、膨化处理、水解处理、蚯蚓处理或是不加处理直接用作肥料等。在所有利用方式中，高温堆肥以其无害化程度高、腐熟程度高、堆腐时间短、处理规模大、成本较低、适于工厂化生产等优点而逐渐成为作物秸秆和畜禽粪便的首选处理方式。此外，以优质的腐熟堆肥作为基料，配制高附加值的多功能复混肥料和微生物有机肥料及其高效施用技术，实现热带作物残体的循环利用和减少化肥投入。

（2）沼气综合利用技术。物质多层次利用、能量合理流动的高效农业生产模式，已逐渐成为我国农村地区利用沼气技术促进可持续发展的有效方法。

通过沼气发酵综合利用技术，产生的沼气用于农户生活用能和农副产品生产、加工，沼液用于、饲料、生物农药、培养料液的生产，沼渣用于肥料的生产。我国北方推广的塑料大棚、沼气池、禽畜舍和相结合的“四位一体”沼气生态农业模式，中部地区以沼气为纽带的生态果园模式，南方建立的“猪-果”模式，其他地区因地制宜建立的“猪-沼-鱼”和“草-牛-沼”等模式都是以沼气为纽带，对沼气、沼液、沼渣的多层次利用的生态农业模式、沼气发酵综合利用的生态农业模式的建立，使农村沼气和农业生态紧密结合起来，是改善农村环境卫生的有效措施，是发展绿色种植业、养殖业的有效途径，已成为农村经济新的增长点。

三、热带林下经济科研机构

（一）国家级热带林下经济科研机构简介

1. 中国热带农业科学院

中国热带农业科学院（简称“中国热科院”）创建于1954年，隶属于农业农村部，是我国唯一从事热带农业科学研究的国家级综合性科研机构。中国热科院本部位于海南省海口市，拥有海口、儋州、三亚、湛江4个院区，建有三亚、广州、广西、云南、四川5个研究院，设有14个科研机构，土地面积6.8万亩。拥有热带作物生物育种国家级重要平台、国家重要热带作物工程技术研究中心、国家热带植物种质资源库等136个国家级和省部级科技创新平台，12个院士创新平台，5个博士后科研工作站。先后与16个国际组织、50多个国家和地区的科研和教学单位建立了长期稳定的合作关系，建有8个国际联合实验室或研究中心、13个境外农业试验站。现有在职职工3 600多人，高级专业技术人员近900人，博士近500人，享受政府特贴专家等高层次人才180多人次，入选中国热区省份高层次人才600多人次，面向海内外聘请了130多位知名专家学者，其中柔性引进中国两院院士10人、外籍院士3人。

中国热科院聚焦天然橡胶、甘蔗、香（大）蕉、油棕、热带果树、热带花卉与蔬菜、热带香料饮料、热带草业与养殖动物、特色热带经济作物等10大重点产业，建设热带作物科学、热带农业资源与环境科学、热带植物保护与生物安全科学、热带农业动物科学、热带农业工程科学、热带农业经济与乡村振兴等6大学科集群。主导天然橡胶、木薯、香蕉等3个国家产业技术体系建设，取得了包括国家技术发明奖一等奖、国家科学技术进步奖一等奖在内的近50项国家级科技奖励成果及省部级以上科技成果1 000多项，培育优良新品种400多个，获得授权专利3 500多件，获颁布国家和农业行业标准500多项，开发科技产品300多个，举办或承办各类技术培训班100多期，培训来自99个国家的学员4 000多名。推动了重要热带作物产量提高、品质提升、效益增加，为保障国家天然橡胶等战略物资和工业原料、热带农产品的安全有效供给，促进热区农民脱贫致富和服务国家农业对外合作作出了突出贡献。

进入新时代，中国热科院按照“四个面向”，以创建世界一流的热带农业科技创新中心，打造热带农业科技创新基地、热带农业科技成果转化应用基地、热带农业高层次人才培养基地、热带农业国际合作与交流基地和热带农业试验示范基地为目标，坚持“开放办院、特色办院、高标准办院”的方针，全面提升热带农业科技创新、成果转化、人才培养和国际合作能力。立足中国热区，按照乡村振兴战略总要求，以全面推进热带农业科技创新为主线，建设区域创新中心，持续提高热带农业科技区域贡献率。面向世界热区，按照

“一带一路”建设总布局，坚持“走出去”和“引进来”并重，不断提升热带农业科技国际话语权。稳步推进建成开放共享的国家热带农业科学中心，成为世界热带农业主要的科学中心和创新高地。

2. 中国林业科学研究院

中国林业科学研究院（简称“中国林科院”）成立于1958年，是国家林业和草原局直属的综合性、多学科、社会公益型国家级科研机构，主要从事林草应用基础研究、战略高技术研究、社会重大公益性研究、技术开发研究和软科学研究，着重解决我国林草发展和生态建设中带有全局性、综合性、关键性和基础性的重大科技问题。目前全院设有18个独立法人研究所、中心，14个非独立法人机构，28个共建机构，60余个业务挂靠机构，分布在24个省（区、市）。建院以来，在国家林草主管部门的正确领导下，为国家林草高质量发展和生态建设重大工程提供了强有力的科技支撑，对加快林草发展、改善生态环境、维护生态安全、建设生态文明作出了重大贡献。

中国林科院构成了布局合理、体系完整、实力雄厚的国家级林业科技创新体系。“十二五”期间，新增各类纵向科研项目1 600多项。获得国家科学技术进步奖二等奖9项，省部级一等奖4项，中国专利优秀奖3项；鉴定（认定）科技成果163项；获授权专利501项；授权林业植物新品种195种；制修订行业标准278项、国家标准128项、国际标准4项，实现了我国主导制定林业国际标准零的突破；出版科技专译著134部；发表科技论文4 647篇（其中SCI/EI收录985篇）。“十三五”是中国林科院改革与发展的战略机遇期，提出了前瞻布局林业重大基础与前沿技术研究，重点攻克林木种业、林业资源培育与可持续经营、林业生态保护与修复、林业资源高效利用、林业装备等林业发展关键技术，深入开展林业战略、林业重大理论问题、林业重大政策与法律体系、林业管理体系与创新制度、生态文明制度体系等林业发展战略研究任务，为建设生态文明和美丽中国、推进林业现代化发挥重要科技支撑作用。到目前为止，新增项目863项，其中，国家重点研发计划专项26项，获国家科学技术进步奖二等奖2项。

（二）省级热带农业科研机构简介

1. 海南省农业科学院

海南省农业科学院创建于1989年，位于海口市琼山区，科研用地面积1 600亩。全院共有13个研究所（中心、院），设有7个院士创新平台、1个博士后科研工作站。全院事业编制为251人，其中高级职称103人，博士45人。已建成28个国家、省部级科技平台，包括6个国家产业技术体系综合实验站，6个国家农业科学实验站（海南）标准站，5个农业农村部科学观测实验站，3个农业农村部种质资源圃，1个农业农村部农药田间药效登记试验单位，1个国家热带水果加工技术专业分中心，8个省级重点实验室，3个省级工程技术研发中心。

建院30多年来，海南省农业科学院以服务海南热带特色高效农业和产业需求为导向，以人民对美好生活的向往为奋斗目标，聚焦“粮袋子”“菜篮子”“油瓶子”“果盘子”热带特色高效农业和产业“卡脖子”关键核心技术和科技问题，取得一系列丰硕成果。作为主持单位（或主要完成单位）57项成果获得国家级、省部级科技进步奖、科技发明奖和科技成果转化奖共62项次；通过植物新品种审定（认定）63个，获授权植物新品种权3个；获得国家专利221项。建设新科技示范点844个，推广新品种125个、新技术225项，培训农户超过10万人次。累计派出科技人员1万人次，为打赢脱贫攻坚战和农业提质增效、农民丰产增收作出农业科研单位应有的贡献。积极参加“中国-东盟农业科技创新联盟”等9个科技创新联盟。与30多个国际农业机构和农业研究机构建立密切联系，向国际农业科技界宣传海南热带农业。

2. 广西壮族自治区农业科学院

广西壮族自治区农业科学院创建于1935年，担负着全自治区农业重大应用研究和高新技术研究的任务。位于南宁市国家高新技术产业开发区。全院设有20个直属研究所169个创新团队，共建有11个分院、58个试验站，主要从事以种植业为主的应用及应用基础研究，重点是粮、糖、果、菜、油、麻、食用菌、花卉等作物优良品种的选育及栽培，以及植保、营养、农业资源与环境、农产品加工与质量安全、农业信息与经济等技术研究。建有2个国家地方联合工程研究中心，5个国家作物改良分中心，7个农业农村部实验室与检验检测中心，27个国家与部门原种基地、资源圃（库）及野外科学观测站，18个自治区级重点实验室和工程研究中心，16个自治区级作物良种培育中心，15个广西作物种质资源圃，4个技术转移中心和1个博士后科研工作站等。全院占地面积1 390余公顷，建有7个科研试验基地，实验楼2.6万平方米。现有在职职工1 428人，专业技术人员1 208人，高级职称689人，博士186人。有国家级专家44人、自治区级专家132人。

建院以来，共获得省部级以上科技成果奖605项，育成推广农作物新品种696个，有力地支撑了广西农业和农村经济的发展。近年来，大力实施科技引领力、科技创新力、成果转化力“三大能力”提升战略，在“转型升级，建一流强院”上下功夫，各项事业实现了快速发展。大力推动市县农科院所改革，分别与11个设区市共建11个分院、与自治区农业农村厅共建58个县域特色作物试验站。与340多家企业合作，建立了700多个规模种植科技示范基地和技术示范点。牵头成立了国际糖业科技协会（IAPSIT）、中国（广西）-东盟农业科技创新联盟、桂台农业发展与技术交流协会、广西农业科技创新联盟等组织平台。先后与40多个国家和地区、10多个国际组织建立了广泛的科技合作关系。在东盟和非洲国家实施了一大批国际合作项目，加快了技术输出与引进，成为国家引进外国智力成果示范推广基地、国际科技合作基地。

3. 广东省农业科学院

广东省农业科学院成立于1960年。全院占地面积5 800余亩，现有15个科研机构，设有博士后科研工作站。现有在编职工1 179人，高级职称专家653人，博士以上学历684人。有国家特支计划科技创新领军人才4人、“百千万人才工程”国家级人选3人、全国杰出专业技术人才1人、国家神农英才计划人才9人、享受国务院政府特殊津贴在职专家19人，国家现代农业产业技术体系专家23人。

牵头建设猪禽种业全国重点实验室，建有农产品加工省部共建国家重点实验室培育基地、热带亚热带果蔬加工技术国家地方联合工程研究中心、国家野生稻种质资源圃（广州）、国家甘薯种质资源圃（广州）、国家荔枝香蕉种质资源圃（广州）、国家桑树种质资源圃华南分圃、国家茶树种质资源圃华南分圃、国家农业环境微生物种质资源库（广东）、国家水稻改良中心广州分中心、国家油料改良中心南方花生中心、国家香蕉改良中心广州分中心、广东广州国家农业科技园区等15个国家级科研平台，省部级科研平台93个，收集保存农作物种质资源6.3万余份。

“十三五”以来，获各级科技成果奖励619项，其中主持国家科学技术进步奖二等奖1项、广东省科技进步一等奖11项；获通过审定（登记/评定/认定/鉴定）品种1 472个，获植物新品种权429个，获授权专利1 986件，发表SCI收录论文2 989篇。农业主导品种和主推技术在全省占比分别达到61.93%和71.69%。组建现代农业产业专家服务团，在全省建设17个农科院地方分院（现代农业促进中心）、100个专家工作站和一批特色产业研究所，建成基本覆盖全省主要农业生态区域的院地协同农业科技服务网络；成立广东省农业科技成果转化服务平台和广东金颖农业科技孵化有限公司，累计吸引超过340家农业科技企业进驻。

4. 云南省农业科学院

云南省农业科学院是云南省人民政府直属的综合性、公益性农业科研机构。前身为1950年成立的云南省农业试验站。长期以来，云南省农业科学院主动服务全省农业农村发展大局，紧紧围绕“三农”重大科技需求，全力抓好科技创新和成果转化工作，为全省粮食安全和重要农产品有效供给、传统产业提升改造、新兴产业培育、重要农业生物资源开发利用、农业面源污染治理及生态安全提供了有力的科技支撑，为全省高原特色现代农业发展、决战脱贫攻坚、决胜全面建成小康社会、全面推进乡村振兴作出了重要贡献。

云南省农业科学院下设17个研究所，目前有6大重点学科群（种质资源与遗传育种、作物栽培与耕作制度、农业资源与生态环境、农产品质量与食品安全、农产品加工与农业工程、农业信息与农业经济）、13个重点领域（农业生物资源、遗传育种、农业生物技术、栽培与生理、植物保护、土壤及肥料、农业资源保护与利用、农业生态治理及修复、农产品质量与食品安全、农产品加工、农业工程、农业信息、农业经济）和42个主要研究方向。

截至2022年底，全院有在职职工1 684人，其中专业技术人员1 402人；有高级职称698人，博士152人、硕士649人；有农业农村部创新团队3个、省顶尖团队2个、省创新团队20个；设立院士专家工作站24个，在云南省设立专家基层工作站171个。全院35名专家担任国家现代农业产业技术体系首席科学家、岗位科学家和综合试验站站长；68名专家担任省农业产业技术体系首席科学家、岗位专家和试验站站长。全院共有各类平台67个，其中种质资源库（圃）21个、重点实验室8个、科创研究中心类平台20个、检测鉴定类平台6个、科学观测站12个。

5. 贵州省农业科学院

贵州省农业科学院前身为始建于1905年的贵州省立农事试验场，拥有18个专业研究所，涵盖粮、油、果、蔬、茶、桑、药、畜牧、兽医、水产、土壤、肥料、植物保护、农业科技信息等50余个专业领域。全院在职职工1 560人，研究员158人，副研究员322人，博士130人；国务院和省政府特殊津贴专家61人，省“十层次”创新型人才2人，省“百层次”创新型人才9人。全院有国家级专家服务基地1个，省级人才基地7个，省继续教育基地1个，博士后科研工作站1个；已建成17个省级农业工程技术研究中心、2个农业农村部重点学科群科学观测实验站、2个省级重点实验室，拥有25个国家现代农业产业技术体系综合试验站和1个岗位科学家，国家种质改良分中心2个，省级现代农业产业体系首席专家12个；建有2个院士工作站和1个院士工作分站。

“十三五”以来，全院获得各级各类项目立项852项，获得省部级科技成果奖励60项，审定（认定、登记）农作物新品种226个，发表各类各级期刊论文2 799篇，发布地方技术标准150个。共选派科技特派员2 464人次在贵州省开展农业科技和新品种推广。选育的黔羊肚菌1号、黔羊肚菌2号及研发的配套栽培技术在贵州省大面积示范推广，占贵州省羊肚菌种植面积的50%以上。选育的辣椒黔辣10号连续两届被辣博会评为“十大优秀品种”，已列为遵义换种工程主要品种之一；在黔西建成省种公牛站，目前产能为年生产冻精120万支，解决了困扰贵州省牛产业发展的种源“卡脖子”问题。创新利用优质种质资源和杂交优势理论，选育了金玉818等一批籽粒和青贮玉米良种，仅金玉818累计推广了1 387万亩；选育的优质杂交油菜油研50等10余个在长江流域13省市累计推广3 721.9万亩；黔茶1号、黔茶8号列为贵州省茶树品种优化的主推品种；研发的水稻超高产栽培技术，通过良种良法配套实现1 123.87千克的最高单产；挖掘地方特色种质资源，首创了白及马鞍型驯化苗和高产栽培的发明专利技术，每年驯化优质苗1亿株，已在全省发展近2万亩的白及生态种植基地。集成创建了“三季四收立体种养模式”等多种旱地高效种植模式，在农业产业结构调整中广泛应用。研制的成龄和幼龄茶专用复合肥及其制备与施用技术，已在贵州省内15家企业生产开发。新研发出具抗病效果的茶叶专用肥，已在湄潭、金沙、开阳等重点茶区示范应用；完成“醉美两高，多彩油菜”农文旅一体化28个县58个景观打造。

6. 江西省农业科学院

江西省农业科学院前身为成立于1934年的江西省农业院，是全国较早设立集科研、教育、推广三位一体的省级农业科研机构。

全院共有12个专业研究所，并建有江西省超级水稻研究发展中心，井冈山红壤研究所等新型研发机构，2个综合服务机构，7个职能处室，挂牌成立江西省农业科学院萍乡分院、赣州分院、九江分院、井冈山分院、宜春分院、南昌分院及上饶分院7个分院；拥有水稻国家工程研究中心（南昌）、国家红壤改良工程技术研究中心等2个国家级创新平台，以及农业农村部畜禽产品质量安全风险评估实验室（南昌）、国家水稻育种改良南昌分中心等41个省部级创新平台。

截至2024年3月，全院干部职工1 129人，其中在编在岗职工694人，具有硕博学历职工占比达66%；高级专业技术人员293人；有中国工程院院士1名、特聘院士2名，享受国务院特殊津贴专家36名、省政府特殊津贴专家12名，国家重大人才计划入选者1名、农业农村部重点人才计划入选者1名、农业农村部农业科研杰出人才1名、杰出青年科学家2名；赣鄱英才“555工程”人选14名、省“双千计划”人选16名、省百千万人才和双高工程人选41名、赣鄱俊才支持计划·青年科技人才托举项目人选1名；国家现代农业产业技术体系岗位科学家3人、试验站站长15人，江西省现代农业产业技术体系首席专家6人、岗位专家35人、试验站站长6人；农业农村部农业科研创新团队1个，省级优势科技创新团队5个；省级主要学科学术和技术带头人领军人才18人、青年人才14人。

长期以来，江西省农业科学院聚焦农业供给侧结构性改革和全省现代农业高质量发展，围绕动植物种质资源保护与创新利用、粮食增产、红壤综合治理、中低产田改造、食品质量安全、生态环境保护与治理、智慧农业、智能装备、农产品精深加工、抗灾救灾等广泛开展科技创新研究、成果转化与示范推广、科技服务“三农”，面向主导产业和重点地区，选育出了一批优质高产高效新品种，集成应用了一批核心关键新技术，带动建立了一批种养新模式，建设了一批新成果应用示范基地。“十三五”以来（2016—2023年），新增承担各类科研项目1 160项，其中国家级176项；获得授权专利530件，通过国家和省级审(认)定、登记品种193个；获得省部级以上科技奖励81项，其中国家科技进步奖二等奖3项，江西省科技进步奖一等奖7项。每年选派200多名科技特派员对接服务全省90余个县（市、区），举办各类农业产业科技培训班，累计培训龙头企业技术负责人、农技骨干、种养大户、新型职业农民等上万人次。

江西省农业科学院积极服务“一带一路”倡议，与20余个国家及6个国际机构开展多形式的交流合作；举办十余期农业科技国际培训班，推动我院成果技术“走出去”；建有江西省水稻及有机农业国际科技合作基地、中菲水稻技术联合实验室等国际合作平台。全面加强与中国科学院、中国农业科学院、中国热带农业科学院、中国水产科学研究院、中国农业大学等国家级科研院所和高校的科技合作，与湖南等8个省市农业科学院签订了科技合作协议，牵头组建江西省农业科技创新联盟，立足当地特色产业开展科研攻关，解决行业、产业和区域性重大问题。

7. 湖南省农业科学院

湖南省农业科学院源于1901年始创的湖南省农务试验场。全院设有15个专业科研机构和2个科研辅助工作机构。与湖南大学联合组建了湖南大学研究生院隆平分院。挂靠有湖南省农学会等5个学会。建有国家耐盐碱水稻技术创新中心、杂交水稻全国重点实验室、国家杂交水稻工程技术研究中心、水稻国家工程研究中心（长沙）、柑橘资源综合利用国家地方联合工程实验室等国家、省（部）级创新平台91个，院士工作站1个，博士后科研工作站1个，院士团队创新工作基地10个，野外试验台站和试验示范基地49个。自主培养了袁隆平等4名中国工程院院士，拥有国家有突出贡献专家4人，新世纪“百千万工程国家级人才”9人，“国家高层次人才科技创新领军人才”5人。全院在职职工1 271人，其中正高职称161人，副高职称314人；博士239人，硕士325人。

改革开放以来，全院取得科研成果2 170多项，育成良种688个，获国家和省部级奖励的成果582项。2000年国家实行新的科技奖励制度以来，获得国家级科技奖励21项。其中袁隆平院士领衔的杂交水稻研究，先后获得国家迄今唯一的特等发明奖、首届国家最高科学技术奖、2013年度国家科技进步特等奖。近10年，全院育成优质水稻品种91个，蔬菜品种97个，旱粮油料品种40个，园艺品种20个，获得发明专利418项。第三代杂交水稻周年亩产达到1 603.9千克，入选2021年度全球十大工程成就。

8. 福建省农业科学院

福建省农业科学院成立于1960年，是省属公益一类综合性农业科研机构，是国内最早的农业科研机构之一。全院设有茶叶、水稻、作物、果树、食用菌、亚热带农业、植物保护、资源环境与土壤肥料、畜牧兽医、生物技术、农业质量标准与检测技术、农产品加工、农业经济与科技信息、数字农业等共14个研究所；现有福州树兜院区、埔垱院区等2个主要科研院区，建有建瓯基地、福安社口基地等2个科研试验基地；与政府合作共建了南平、莆田、漳州、宁德、龙岩等5个区域分院；建有省部级以上科技创新平台114个，现有国家现代农业产业技术体系8个岗位和9个试验站，作为联盟理事长单位成立了福建省农业科技创新联盟。

福建省农业科学院以应用研究和应用基础研究为主，在水稻、果树、茶叶、薯类、食用菌等农作物育种与栽培，水禽疫病防控、植物保护、农业微生物利用、生态农业、土壤肥料、闽台农业合作等领域具有较强科技力量。全院现有967人，其中中国科学院院士1名，国务院政府特殊津贴专家11名，全国杰出专业技术人才1名，国家高层次人才领军人才1名，国家百千万人才工程人选3名，省百千万人才工程人选28名，省“雏鹰计划”青年拔尖人才4名，高级专业技术人员422名。

1978年以来，全院共取得国家、省部级科技成果奖492项（其中省部级二等奖以上成果164项），育成国家、省审（认、鉴）定的农作物品种611个，获授权专利2 201项，其中发明专利1 125项，实用新型1 043项，外观设计33项，为福建省特色现代农业高质量发展提供了强有力的科技支撑。全院科技人员常年服务在农业生产第一线，持续巩固提升了院内科技特派员工作在福建省的引领地位，稳定形成一支300多人的科技特派员队伍。不断深化院地合作和科企合作，与34个县（市）签订科技合作协议，与500多家新型农业经营主体开展科技合作，与农业企业合作共建了28家农业产业研究院、100多个科技示范基地，累计实施科技帮扶项目3 300多个，示范推广科技项目7 500多个，帮助基层解决生产和技术问题9 000多个，年均示范推广新技术新品种500多个，有力促进了农业增效、农民增收，为全省乡村振兴和农业农村现代化提供了强有力的科技支撑。

9. 四川省农业科学院

四川省农业科学院始建于1938年，坐落于成都市锦江区，设有14个研究所、1个服务机构、1个分院，并与地方政府联合共建分院10个。研究和开发领域涵盖粮经饲作物与水产，涉及作物遗传育种、耕作栽培、植物保护、土壤肥料、资源环境、农业微生物、生物技术、农用核技术、蚕业、分析测试、农业遥感、农产品储藏加工、农业信息、农业经济等60余个学科专业。全院拥有国家级创新平台35个，国家地方联合共建工程研究中心（实验室）7个，国际合作平台4个。整体实力居全国省级农科院前列。全院有在职职工1 166人，拥有研究员132人、副研究员236人，博士154人；拥有国务院政府津贴专家35人，学术技术带头人40人；国家现代农业产业技术体系岗位专家16人、试验站站长18人，国家现代农业产业技术体系四川创新团队首席专家7人、岗位专家46人。

四川省农业科学院面向世界农业科技前沿，获得的国家级、省部级奖占全省48.6%，育成的动植物新品种，占全省近1/3；面向现代农业建设主战场，突破关键技术，实现大面积增产增收增效；面向国家重大需求，大力培育特色产业，有力支撑“川字号”特色农业产业发展。“十二五”以来，研发省部级主推技术55项，农业科技成果转化率85%以上，成果累计推广面积5.8亿亩，新增社会经济效益上千亿元，为四川农民增收、农业增效、农村繁荣做出了积极贡献。国际科技合作与交流成效显著，先后与40个国家和地区，以及国际玉米小麦改良中心、国际马铃薯中心、国际水稻研究所等国际组织开展了国际科技交流与合作，建立了国家引才引智示范基地、优质抗病高产小麦品种选育、柑橘新品种与栽培技术、柑橘新品种选育与栽培技术示范、优质抗病高产川麦系列新品种选育、优质兼用型马铃薯脱毒种薯繁育基地等6个基地、四川省（中德）油菜研究中心、中国（四川）-国际玉米小麦改良中心南方联合试验站、国际农业科技情报体系（AGRIS）西南分中心中-意四川果树苗木繁育中心等4个平台。

10. 西藏自治区农牧科学院

西藏自治区农牧科学院于1980年成立，是西藏唯一集科学研究、科技推广、科技开发、科技培训、科技咨询和科技服务为一体的综合性农牧渔科研机构。主要承担西藏自治区全局性、关键性、战略性重大农牧业科技问题的研究任务，为全区现代农牧业建设特别是“三农”发展提供相关农牧科技支撑服务，同时按国家相关安排部署也承担一些国家层面的农牧科技研究服务任务。

全院有8个专业研究所，拥有省部共建青稞牦牛种质资源与遗传改良国家重点实验室等4个实验室和2个工程中心，农业农村部作物基因资源与种质创制西藏科学观测实验站等6个观测与监测试验站，5个国家现代农业产业技术体系岗位和14个综合试验站，建有拉萨国家农业科技园区、藏区青稞育种南繁基地等12个区域性试验与科技示范基地和创新平台。现有在职职工530人，专业技术岗位人员374人（其中高级152人，中级129人，初级93人）。国务院特殊津贴专家5名，国家高层次人才人选1名，国家百千万人才工程人选2名；国家重点领域创新团队1个，全国农业科研杰出人才及其创新团队2个。

多年来，全院全力抓好农牧科技创新与成果转化工作，为西藏粮食安全（特别是青稞安全）、特色农牧业产业发展、农牧业生物资源开发、科技扶贫及生态安全提供了有力的科技支撑。“十三五”期间，全院共落实各级各类科技项目（课题）556项，获西藏自治区杰出贡献奖1项、全国创新争优个人奖1项，以及西藏自治区科学技术奖一等奖8项、二等奖9项、三等奖10项。拥有西藏自治区级审定品种14个，发明专利33件，实用新型专利227项，出版图书21部，编制地方标准生产技术规程35项；发表论文1 079篇；其中SCI论文90篇；首次绘制出青稞、牦牛、黑斑原鮡全基因组遗传和物理图谱，填补了这些领域的研究空白。

（三）省级林业科研机构简介

1. 海南省林业科学研究院

海南省林业科学研究院（海南省红树林研究院）成立于1958年，与海南省林业科学技术推广中心为一个机构两块牌子，隶属海南省林业局，是海南省唯一以热带林为主要研究对象的集科研推广为一体的省级综合性林业科研机构。现有在职职工183人，其中：中高级职称80人，博硕士37人，入选海南省“515人才工程”第二、第三层次人选8人。

海南省林业科学研究院主要从事红树林湿地生态修复、热带雨林国家公园等自然保护地生物多样性保护与生态恢复、热带林木种质资源保育、森林资源与生态环境监测、智慧林业及生态大数据、林业碳汇、林业有害生物防治、林业生物技术、木材鉴定、林下经济等方向的基础研究和应用研究，以及林业调查规划设计等技术服务。现有海南文昌森林生态系统国家定位观测研究站、海南省院士工作站（林业）、海南省热带林业资源监测与应用重点实验室（筹）、海南省热带林业工程技术研究中心、林产品质量检验检测中心、海南省林业有害生物检验检疫实验中心、海口市湿地保护开发工程技术研究中心等科研平台，建有国家林业和草原长期科研基地、定安基地、云龙基地、岭脚基地等科研基地2 000余亩和热带树木园250亩、热带林木种质资源保存基地900亩。

近年来，全院取得科研成果200余项，获省市级奖励11项，其中海南省科技进步奖特等奖1项、一等奖2项、二等奖1项、三等奖5项；制定林业行业标准1项、地方标准10项，授权专利23项，取得软件著作权18项，认定林木良种3个，出版著作7部，发表论文400余篇；先后被授予全国生态建设突出贡献奖先进集体、全国林业科技工作先进集体、全国特色种苗基地、全国林业科普基地等荣誉称号。

2. 广西壮族自治区林业科学研究院

广西壮族自治区林业科学研究院成立于1956年，建有中南速生材繁育国家林业和草原局重点实验室、广西优良用材林资源培育重点实验室、广西特色经济林培育与利用重点实验室、国家油茶科学中心南缘地区种质创新及茶油加工实验室等4个省（部）级重点实验室，拥有国家林业和草原局东盟林业合作研究中心、科技部林业国际科技合作基地和油茶省部级平台12个，被认定为国家级油茶、红锥良种基地；建立了油茶、松树、杉木、桉树、红锥等自治区级农业良种培育中心。

全院现有在职职工340多人，具有正高职称35人、副高职称128人，拥有博士学位人员40人；有享受国务院政府特殊津贴专家5人，国家突出贡献专家1人等。研究领域有林木遗传改良、森林培育、森林生态、经济林培育、森林保护、林木生物技术、土壤肥料、林产化工、热带特色花卉培育、森林资源开发利用、生态能源利用、木材加工等。

广西壮族自治区林业科学研究院先后承担国家和部（省）级等各类科技项目1 000多项，获得科技成果700多项，其中国家级科技奖励21项，省部级奖励160多项；获得授权专利388件（其中发明专利291件、实用新型专利97件）；制定标准152项（其中行标22项、地标123项、团标7项）；通过审（认）定林木良种188个（其中国家级15个、省级173个）；申请植物新品种权36个，获得授权15个；出版科技专著71部，发表学术论文2 000多篇。培育桉树优良无性系、松树、杉木、油茶、花卉及珍贵乡土树种苗木2亿株以上；在广西乃至全国建立科技示范基地和技术推广服务网点130多个，建立试验、推广林总面积达100多万公顷，使广西松、杉、八角等主要造林树种的林木良种应用率达75%以上，桉树、油茶良种应用率达到100%，极大地提升了科技贡献率。

3. 广东省林业科学研究院

广东省林业科学研究所成立于1958年，是综合性、多学科、社会公益类型的科研机构，重点解决全省林业建设中战略性、全局性、前瞻性、关键性的重大科技问题。全院设有7个研究所、2个研究中心，组建了16个科研团队，主要从事林业应用研究与技术开发、应用基础及高新技术研究，研究领域涉及森林培育、森林保护、森林资源综合利用、生物多样性保护、风景园林、林业资源信息等。

全院拥有土地资源7 100多亩，创建有国家林业和草原局森林病虫害生物防治重点实验室、广东省森林培育与保护利用重点实验室、国家林业和草原局定位观测研究站、国家林业和草原局华南乡土树种工程技术研究中心、广东省华南乡土树种工程技术研究中心等14个科技创新平台，建设试验示范基地42 000多亩，建成大南山林木种质资源库3 500多亩。全院现有在职职工154人，其中博士60余人，高级职称占比56%。

建院以来，取得林业科技成果208项；获得国家级奖励16项，省部级奖励123项，厅局级奖励59项；授权专利72件；选育林木新品种和省级良种127个，为华南商品林和生态公益林建设作出了重要贡献；自主选育的湿加松、马尾松、杉木等良种在广东种苗市场占有率超过90%，樟树、木荷、枫香、黎蒴、红锥等乡土树种的市场占有率超过60%，并推广到华南地区临近省份。

4. 云南省林业和草原科学院

云南省林业和草原科学院成立于1959年，是云南省林业和草原领域重要的综合性应用研究机构，致力于林业和草原关键科学技术的调查、研究、科技成果推广、科学技术普及和培训，以及开展国内外学术交流、科技合作等工作。全院总占地面积17 889亩，建有3个省部级重点实验室，3个国家工程（技术）研究中心，3个省级工程研究中心，1个国家检验检测中心，6个生态系统定位观测站，5个长期科研基地；组建有4个省级创新团队和19个院级创新团队；在普洱、红河、德宏、丽江、迪庆、临沧、文山、怒江等8个州（市）分别建立了分院。

60余年来，云南省林业和草原科学院紧扣支撑生态建设、引领产业升级、服务社会民生三大主题，积极融入并服务于区域经济社会发展，支撑林业草原事业发展，形成了涵盖林木良种选育、森林培育、木本油料、竹藤、观赏苗木、林下经济、林产品加工、生物多样性、生态恢复和重建、森林病虫害防治等多学科齐头并进的科技支撑格局。“十三五”期间，全院共获得省科技进步奖9项，其中“云南核桃产业链关键技术创新与应用”获2018年云南省科技进步特等奖；共审（认）定良种74个，制修订标准28项，获授权发明专利24项，实用新型专利182项，外观设计专利86项，有力支撑了云南生态建设和林产业发展，为区域经济社会发展、山区生态建设和林区群众脱贫作出了积极贡献。

5. 贵州省林业科学研究院

贵州省林业科学研究院成立于1959年，前身为贵州林业科学研究所，全院下设科研机构8个，下属贵州省核桃研究所和贵州省云关山国有林场（贵州云关山森林公园）。全院现有在职职工192人，其中科技人员有150人，科技人员中高级技术职称53人（正高14人、副高39人），拥有博士学位19人，硕士学位64人。

全院建有树木园、竹类植物园、兰科植物种质资源保育中心、石斛属植物种质资源库、乡土珍稀观赏植物资源库、核桃油茶种质资源库、滇楸种质资源库、马尾松种子园等；有贵州荔波喀斯特森林生态系统、草海湿地生态系统、黎平石漠化生态系统、雷公山森林生态系统等4个国家定位观测研究站；国家林业和草原局贵阳林产品质量检验检测中心、森工产品质量监督检验站，国家石斛花卉种质资源库，省林业司法鉴定中心，省林业有害生物检验鉴定中心，省油茶、核桃工程技术研究中心，云关山国有林场科研试验基地、核桃油茶国家良种基地、黎平杉木育种国家长期科研基地等多个研究平台；有5个省级科技创新人才团队。

全院共取得科技成果270余项，获得国家、省部级科技进步奖106项，其中，国家科技进步奖一等奖1项、二等奖2项；省部级科技进步奖一等奖1项、二等奖15项；获国家发明专利15项、实用新型专利26项；认定油茶、核桃、杉木、花椒等良种35个；制定国家及省级地方标准20余项；出版专著40余部；发表科技论文1 400余篇。科技成果在全国适宜地区及省内广泛推广应用，取得了显著的经济效益、社会效益和生态效益，为贵州林业生态建设及林业产业发展提供了强有力的科技支撑。

6. 江西省林业科学院

江西省林业科学院成立于1956年，前身为江西省林业科学研究所，主要从事林业经济和生态环境建设中重大关键性科学技术问题的应用研究、应用基础研究与开发研究，以及科技成果推广转化和科普宣传教育等工作。全院下设科研机构17个，共建4个分院；现有在职人员296人，其中有正高级职称27人，副高级职称73人，拥有博士学位70人，硕士学位103人；拥有各类科技平台47个，其中，国家部级科技平台20个，省级科技平台23个；拥有省级创新团队2个，省林业局科技创新团队6个。

江西省林业科学院秉持“科技立院、人才兴院、创新强院、开放办院”的基本理念，以科技创新为第一要务，紧紧围绕保障生态安全、提高森林质量、推动脱贫攻坚、乡村振兴战略和建设生态文明的总体目标，大力开展了森林绿化美化彩化珍贵化、山水林田湖草沙生态系统治理和修复等技术攻关，科技创新工作取得明显成效，特别在樟树、杉木、油茶、毛竹研发和推广，以及森林药材高效栽培、林业碳汇、科技特派员服务基层和助推林业高质量发展等方面成效显著。

7. 湖南省林业科学院

湖南省林业科学院创建于1958年，主要承担林业和草原科学研究与成果转化、国家重点科研平台建设发展、林产品质量检验检测等工作。全院下设9个科研业务所，3个服务部门，组建了14个创新研究团队，设岳阳、永州、湘潭、怀化4个分院；建有省部共建木本油料资源利用国家重点实验室、国家油茶工程技术研究中心、中国油茶科创谷等国家级、省部级科研创新平台20余个。全院现有在职职工228人，其中有博士学位64人，高级职称97人，获评国务院特贴、百千万人才工程、湖南省院士后备人才、湖南省光召奖等高层次人才50人次；建有博士后科研工作站。

湖南省林业科学院重点开展木本油料、用材林、经济林、森林生态、森林保护、林产化工、智能装备、林下经济、森林康养、环境工程、自然资源与保护地等专业领域技术研究，先后获得国家级科学技术奖18项、部省级科学技术奖207项；授权专利115项；选育林木良种281个。以油茶为主的木本油料领域研究水平领跑全国。推广科研成果200多项，营造林木新品种、新技术示范林2 000万亩以上，创新引领“油茶、竹木、花木”等千亿产业发展。建成了全国规模最大的天敌繁育中心，研制出花绒寄甲等七大生物防治产品，全国推广应用面积达3 000多万亩。积极推进“湘林”系列油茶良种工程化应用示范，辐射推广面积300多万亩。大力开展林下经济技术研发，推广示范林下经济新模式20万亩以上。

8. 福建省林业科学研究院

福建省林业科学研究院（中国林业科学研究院海西分院）创建于1958年，是福建省林业行业专业齐全、基础设施完善、学科配套和科研能力较强的公益型综合性省级科研机构。全院下设8个研究所、2个中心和3个挂靠单位（福建省林业技术发展研究中心、福建省林业生产力促进中心、中国林业科学研究院海西分院），建成省部级2个重点实验室、1个局级检测中心、1个局级工程中心、1个国家级生态定位站、1个省级工程技术研究中心、1个省级检测中心和24个省级生态定位站。

福建省林业科学研究院主要从事为福建省林业生产建设服务的林木遗传育种、森林培育、森林生态、森林保护、经济林与竹类、园林花卉、生物技术、林业经济、林产化工、木材加工、林业机械及科技信息等方面的基础研究、应用研究和技术开发推广工作。全院102名科技人员中，有高级职称65人；有博士学位22人；国家级有突出贡献的专家1人；百千万人才工程国家级人才1人；享受政府特殊津贴专家13人；省优秀专家、优秀人才4人。

建院以来，全院荣获国家级、省部级以上成果奖124项，科技成果广泛应用于林业生产，取得了显著的经济效益、社会效益和生态效益。在南方主要造林树种良种选育、沿海木麻黄防护林培育、森林主要病虫害防治，森林生态等研究领域居国内先进水平。

9. 四川省林业科学研究院

四川省林业科学研究院始建于1958年，是集科学研究、技术开发、成果转化、技术服务为一体的公益性研究机构。全院下设科研与生产单位14个；拥有国家林业和草原局重点开放性实验室-四川森林生态与资源环境研究实验室、森林和湿地生态恢复与保育四川省重点实验室等国家和省部级平台19个；属国家林业和草原局知识产权试点单位，国家外专局（四川省）引智示范基地。全院在编职工362人，专业技术岗位人员306人，研究员及教授级高级工程师35人，副研究员及高级工程师89人；博士41人，硕士117人；享受国务院特殊津贴专家13人，四川省学术和技术带头人10人，省有突出贡献优秀专家10人，百千万人才工程国家级人选1人。

建院以来，全院共得国家级、省部级鉴定成果400余项，获奖成果263项，其中，国家科技进步奖一等奖1项、二等奖12项，省部级科技进步奖一等奖21项、二等奖58项；在国内外核心学术刊物发表论文3 000余篇，授权国家发明专利57项，国家新品种12项，审（认）定林木良种86个，制定行业和地方标准159项，出版专著52部；通过林木良种选优，建立了生态林、用材林、经济林、竹林、园林绿化、药用植物为主的各类苗木基地3万余亩，年产大花序桉无性系、桤木家系等各类优质苗木30万株；自主生产的松杉油系列、橘子油系列、黄樟油系列、山苍子油系列等产品，畅销国内外。

第三章

热带林下经济产业发展

一、林下经济产业发展状况

（一）林下经济发展的总体概况

1. 林下经济规模逐步扩大

我国林下经济产值一直呈现快速增长趋势。截至2020年全国经济林面积接近7亿亩，经济林产量2亿吨左右、产值约为2.2万亿元，种植规模居世界首位；林下经济利用林地面积达到6亿亩，林下经济产值从2011年的868.75亿元增加至2020年的10 053.31亿元，连续9年增长，增长了10.57倍，年平均增长速度约31%。

林下经济产值达百亿元的省份有15个，其中，500亿元的省份达到了9个，广西、江西林下经济产值超过了千亿元，全国命名了673个国家林下经济示范基地。我国30个省（自治区、直辖市）林下经济产值空间分布差异显著，其中浙江林下经济产值最大，其次为广西、四川，3个省份合计林下经济产值超过全国产值的一半。青海、上海、西藏林下经济产值很小，林下经济产值总值不到全国总体林下经济产值的1%。林下经济构成空间差异显著，但与林下经济产值空间分布格局呈现出不同特征，林下种植、林下采集产值最高的是云南，林下养殖产值最高的是山东，森林康养服务产值最高的是广东。

2. 助力脱贫增收成效显著

林下经济具有生产周期短、见效快的优势，可以帮助生产经营主体以短养长，快速实现经济收益，在促进山区林区保就业、惠民生、增收入方面发挥了重要作用。林下经济是山区林区广大农民最适应、最熟悉的产业发展模式，已经成为山区经济发展的优势产业、供给侧结构调整的特色产业、林农脱贫致富的支柱产业。

截至2020年，全国经济林挂果面积约占总面积的2/3，经济林种植从业人口9 000多万人，约占农村人口的18%。726个原国家扶贫开发工作重点县有经济林种植，占贫困县总数的88%，种植面积3亿多亩、产量6 000多万吨、产值5 000多亿元，分别占全国的48%、29%、33%，从事经济林种植的人口超过4 000万人。我国人均经济林产品年产量128千克，有力地支撑了社会消费结构升级。

3. 基地示范引领作用明显

截至2021年10月，国家林业和草原局共命名526个国家林下经济示范基地，有国家林下经济示范基地从业者720余万人，从业林农年均收入达1.33万元。基地经营和利用林地面积约6 000万亩，约占全国发展林下经济面积的9%，实现总产值近1 300亿元，达全国林下经济总产值的15%，亩均经济效益明显高于全国平均水平，示范作用显著。2019年各基地实现出口额2.11亿元，电商收入17.28亿元，省部级以上科研成果数量152项，国家林下经济示范基地在对外开放、科技创新和成果转化方面引领作用凸显。

4. 扶持政策不断完善

国家层面，2016年中国人民银行、国家发展改革委等7部门联合印发《关于金融助推脱贫攻坚的实施意见》（银发〔2016〕84号），2017年国家发展改革委、国家林业局、国家开发银行、农业发展银行联合印发《关于进一步利用开发性和政策性金融推进林业生态建设的通知》（发改农经〔2017〕140号），2020年国家发展改革委、国家林业和草原局等10部门联合印发《关于科学利用林地资源促进木本粮油和林下经济高质量发展的意见》（发改农经〔2020〕1753号），从金融、科技、林地资源利用等方面的政策对林下经济发展予以大力支持。

河北、山西、辽宁、吉林、安徽、福建、江西、山东、河南、湖北、广东、广西、重庆、四川、贵州、陕西、甘肃、青海、新疆等地根据自身区域特色，出台了针对性的林下经济指导意见、规划及财政资金扶持政策，将林下经济列为政府考核目标，作为推进农村产业革命、实施乡村振兴战略的重要抓手，进一步促进了各地林下经济发展。

（二）林下经济发展存在的问题

一是发展认识不足，比较优势弱。随着林下经济规模不断扩展，虽已形成了“企业+农户”“企业+合作社+农户”“企业+合作社+农户+基地”等多种组织形式，但林农单户经营仍是林下经济的主要生产组织方式。林农对发展林下经济的重要意义和作用认识还不到位，仍存在只看短期收益、缺乏长远规划、发展林下经济的积极性不高等问题。

二是产业融合不够，产业链条短。现阶段林下经济产品结构相对单一，产业化程度不高，产业融合不够。一产发展相对迅速，二产发展较为迟缓，三产近年来虽然发展势头迅猛，但是产业融合仍显不足，产业链尚未完全贯通，生产基地和企业多以单一产业为主，三产齐备的基地和企业较少。现有林下经济产品仍以销售初级产品为主，深加工率低，产品附加值不高。原料供应基地与林产品加工企业的有效衔接不足，供应机制不健全。

三是市场化水平低，品牌建设能力弱。大多数林下经济产品为区域性自产自销，在种养和经营品种选择上存在一定的盲目性。缺乏市场意识和品牌意识，尚未形成成熟的经营模式和稳定的销售渠道，经营主体对网络推广、电子商务等现代营销方式运用不多，市场开拓能力不足。缺乏带动力强的龙头企业和地方特色突出的知名品牌，品牌影响力不足。

四是科技支撑不足，产业效益低。目前林下经济科技水平有待提升，产品研发创新能力不足，成果转化较慢，产品品质良莠不齐，尚未形成有竞争力的优质产能，影响林下经济产品产量和质量的提高。尚未建立完善的林下经济科技支撑体系，基层林业技术人才缺乏，科研设施水平滞后，科技推广经费不足，先进实用技术在基层推广普及力度不够。林下种植、养殖多沿用传统方式，科学种养技术掌握不足，林下经济规模化、产业化发展成本高、效益低。

五是发展资金短缺，经营融资难。林下经济生产经营环节存在不同程度上的融资慢、融资难问题。高标准林下经济项目前期投入较大，多数经营者缺乏启动资金，发展之初就受到限制，难以高标准起步、做大做强。一些山区林区基础设施条件滞后，存在水、电、路、通信等基础设施配套不足的问题，制约林下经济标准化、规模化、集约化发展。

（三）林下经济发展机遇

1. 丰富的林地和生物资源为林下经济发展提供了发展基础

根据《第三次全国国土调查主要数据公报》和第九次全国森林资源清查结果，我国现有林地42.6亿亩、森林面积33亿亩，其中生态公益林18.6亿亩、商品林14.4亿亩，丰富的林地资源为林下经济产业发展提供了广阔的空间。同时，我国是世界上生物多样性最丰富的国家之一，生物资源种类多样，蕴藏丰富，为林下经济发展提供了多样化选择的物质基础。

2. 《中华人民共和国森林法》明确了林下经济发展的法律地位

2020年7月1日，新修订的《中华人民共和国森林法》正式实施，首次将“林下经济”写入法律条文，从法律层面明确发展林下经济与保护森林资源互不矛盾，在符合一定条件的前提下可以对森林资源科学合理利用。修订后的《中华人民共和国森林法》，明确了林下经济对森林资源的利用范围和发展空间，通过保护合法权益，进一步调动了广大林业经营主体，特别是林农及新型林业经营主体发展林下经济的积极性，对发展林下经济具有里程碑的意义。

3. 深化集体林权制度改革为林下经济发展提供了政策支持

2008年，中共中央、国务院发布《关于全面推进集体林权制度改革的意见》，随着集体林权制度改革不断深入推进，各地逐步建立了集体林地所有权、承包权、经营权分置运行机制。2018年5月，国家林业和草原局印发《关于进一步放活集体林经营权的意见》，指出要放活集体林经营权，大力发展林下经济等非木质产业。2021年1月，中共中央办公厅、国务院办公厅印发《关于全面推行林长制的意见》，指出要深化集体林权制度改革，鼓励各地在“三权分置”和完善产权权能方面积极探索，大力发展绿色富民产业。2023年

9月，中共中央办公厅、国务院办公厅印发《深化集体林权制度改革方案》，进一步深化集体林权制度改革，巩固和拓展改革成果。随着集体林权制度改革的不断深入，林地生产力被进一步释放，林业多种功能得到进一步发挥，为林下经济规模化生产与发展提供了强有力的政策支撑。

4. 健康中国战略激发了林下经济发展新动能

党的十八届五中全会明确提出推进健康中国建设，标志着全面推进大健康产业时代的到来。《“健康中国2030”规划纲要》《健康中国行动（2019—2030年）》等一系列文件，均围绕疾病预防和健康促进两大核心，明确了“切实解决影响人民群众健康的突出环境问题”“加强食品安全监管”等要求，到2030年，全民健康素养水平大幅提升，健康生活方式基本普及。随着物质生活水平提高，居民膳食结构不断优化，人们更加注重健康饮食，对优质肉、蛋、奶、水果、蔬菜等产品的需求不断增长，中医药产业的快速发展对林下优质药材需求增长较快；林下经济生产的各种药材、蔬菜、菌类、畜禽、山野菜、香料等产品能够提供无污染、无添加、品质优良的健康食品或原料，是健康饮食的提供者、健康生活的来源地，是扩大绿色生产、健康消费的新领域。

5. 旺盛的社会消费需求为林下经济发展提供了市场保障

2019年，我国人均国民总收入突破1万美元，高于中等偏上收入国家平均水平。随着收入水平的提高，人民对物质生活和精神生活的要求不断提高。我国社会主要矛盾已经转化为人民日益增长的美好生活需要和不平衡不充分的发展之间的矛盾，更加注重优美的环境对精神的愉悦作用，森林康养、森林人家、林家乐等森林景观利用需求旺盛。在社会需求的驱动下，2019年3月，国家林业和草原局等多部门联合印发《关于促进森林康养产业发展的意见》（林改发〔2019〕20号），相关行业不断深化供给侧结构性改革，绿色产品、有机产品的供给逐步优化，绿色消费、体验消费需求持续增加，这些都为林下经济的发展提供了市场保障。

6. 国家重大战略为林下经济拓宽了发展平台

我国正在深入实施乡村振兴、创新驱动发展、区域协调发展等一系列重大国家战略，涵盖生态文明建设、绿色富民产业、繁荣区域经济、巩固拓展脱贫攻坚成果等重点领域和关键环节，要求林下经济集约高效发展，提高供给体系质量，在推动形成以国内大循环为主体、国内国际双循环相互促进的新发展格局中发挥重要作用。2023年12月，《中共中央 国务院关于全面推进美丽中国建设的意见》强调要牢固树立和践行“绿水青山就是金山银山”的发展理念，抓好生态文明制度建设，以高品质生态环境支撑高质量发展，加快形成以实现人与自然和谐共生现代化为导向的美丽中国建设新格局。

二、热带林下经济产业发展思路

牢固树立“绿水青山就是金山银山”的理念，以“生态美、产业兴、百姓富”为目标，明确热带林下经济产业定位，扩大热带林下经济发展规模，优化热带林下经济发展布局，延伸热带林下经济产业链条，增加热带林下经济产品供给，提高热带森林资源利用水平，实现热带林草产业高质量发展，为助力健康中国和乡村振兴战略、推进生态文明和美丽中国建设做出新的贡献。

（一）发展基本原则

1. 生态优先，绿色发展

积极践行“绿水青山就是金山银山”的发展理念，在尊重自然、顺应自然、保护自然的基础上，遵循自然生态系统演替规律与循环经济理念，科学利用热带林地资源，实现热带森林资源的可持续发展。

2. 因地制宜，特色发展

深入分析热区自然禀赋、种养传统、特色品种等产业要素，既坚持林下经济规划布局的统一性，又充分发挥各地区相对优势，因地制宜，稳步推进，结合本地资源特色与目标市场需求，推动热带林下经济特色发展。

3. 科技支撑，创新发展

加强科技支撑，鼓励自主创新，提高热带林下经济产品科技含量，创新产品内容和形式，推动产业技术进步。进一步发展壮大热带林下经济科学技术人员队伍，面向全产业链配置科技资源与技术支撑。

4. 市场主导，有序发展

充分发挥市场在资源配置中的决定性作用，更好地发挥政府扶持引导作用，多渠道筹集、调动资金，打破固有部门、区域和所有制的限制，营造公平竞争、有序发展的市场环境，形成多层次、多元化发展的热带林下经济产业新格局。

（二）发展方向

1. 绿色化

（1）产品绿色化。严格产地生态环境保护，鼓励热带林下经济产品开展绿色食品、有机产品、农产品地理标志、森林生态标志产品等认定。

（2）生产绿色化。坚持原生态、绿色、有机种养方式，严格饲料、肥料等投入品管理，采集加工、分级包装、贮藏运输等产业链绿色集约化。

（3）服务绿色化。为热带森林康养、森林人家、林家乐等提供绿色、低碳、节能服务，包括建筑节能改造、低强度低影响开发等。

2. 精品化

（1）产品精品化。走精品路线，杜绝以量取胜；完善质量检测和市场监管体系，确保热带林下经济产品质量。

（2）基地精品化。进一步完善示范基地动态管理机制，严格示范基地准入，强化过程管理，严进宽出。对于不符合要求的基地要求限期整改，整改不合格的退出。

（3）服务精品化。高标准开展森林景观利用类型的热带林下经济活动运营，深入开发和丰富服务类型，切实提高服务质量，打造精品服务典范。

3. 定制化

（1）供销定制化。林下产品广泛应用订单生产、定向销售、认种认养、直采直供等模式。

（2）平台定制化。定制热带地区市场需求信息公共服务平台，利用互联网推广产销直播、连锁经营等。

（3）科技定制化。加强与科研部门合作，针对不同热带林下经济产品和市场需求定制不同的科技研发课题，提高产品科技含量，以产品创新拓展市场。

4. 特色化

（1）品牌特色化。强化热带地方特色，打造本土品牌。坚持“热、乡、土、特、野”原则，培育各地特色森林食品品牌，力争打造全国知名特色热带林下经济品牌。

（2）产业特色化。强化热带地方优势产业，发挥本土产业优势和比较优势，做大做强产业链条，补齐热带区域全产业链条。

5. 融合化

（1）模式融合化。热带区域可大力发展林下种植、林下养殖、采集加工和森林景观利用等多种经营模式融合，推行“种而优则游”，延伸产业链，提升附加值，提高综合效益。

（2）产业融合化。推进三产融合发展，尤其是加强与中医药、保健、食品开发、化妆品、旅游等加工业、服务业的延伸合作。

（3）合作融合化。推进产加销贯通，采用“公司+合作社+基地+农户”联合经营模式及其衍生模式，营造“企业带合作社及大户，合作社及大户带小户，千家万户共同参与”的发展格局。

（三）发展布局

按照我国热带地区划分，重点在海南、广东、广西、四川、云南、贵州、西藏等地发展布局热带林下经济产业。

1. 华南地区

（1）区域范围。海南、广东、广西等。

（2）区域特点。华南地区地形以平原丘陵为主，主要地貌类型有岭南丘陵、珠三角平原、广西盆地，属热带、亚热带季风气候，夏季高温多雨，冬季低温少雨。年降水量超过1 000毫米。土壤主要有黄褐土、黄壤、黄棕壤、红壤和砖红壤性红壤等，受雨水过度冲刷影响，土壤肥力不高、酸性强。地带性植被为常绿阔叶林，山地地区有针阔混交林。主要森林类型有常绿及落叶阔叶林、针阔混交林，以及杉木、马尾松、华山松、黄山松、桉树、杨树、泡桐、毛竹、油茶、橡胶、椰子、槟榔、沉香、花梨等人工纯林。

（3）发展模式。南岭、五指山等山区、丘陵地带可积极发展林药、林菌、林茶等林下种植，规范发展林禽、林畜等林下养殖，积极发展林下采集加工，大力发展森林人家、林家乐、森林康养等森林景观利用模式。

（4）适宜发展品种。

林药：巴戟天、砂仁、牛大力、高良姜、广藿香、何首乌、益智、铁皮石斛、灵芝、肉桂、佛手、白及、沉香、化橘红、五指毛桃、山豆根、鸡血藤等。

林菌：香菇、木耳等。

林草：黑麦草、狗牙根、百脉根、红三叶、狼尾草、菊苣等。

林禽：鸡、鸭、鹅等。

林畜：猪、牛、羊等。

林下采集加工：野生食用菌、蜂蜜、竹笋、调料香料、藤芒等采集加工。

2. 西南地区

（1）区域范围。四川、云南、贵州、西藏。

（2）区域特点。西南区域地域广阔，分布着盆地、平原、丘陵、山地和高原等多种类型地貌，主要以高原和盆地为主。气候类型有亚热带季风气候、亚热带高原季风湿润气候以及青藏高原独特的高原气候。降水量大，水系发达，水资源充沛。植被类型丰富，包括亚热带常绿阔叶林、高山草甸及我国仅有的一片热带季雨林。物种丰富，森林资源总量大，但生态环境脆弱。集体林地资源比例中等。

（3）发展模式。四川盆地可积极发展林药、林菌、林菜、林药等林下种植，适度发展林畜、林禽等林下养殖；大巴山区、云贵高原等山区、丘陵可适度发展林菌、林药、林茶、林草等林下种植，规范发展林畜、林特、林蜂等林下养殖，适度发展山野菜、食用野生菌、竹笋等林下采集加工，大力发展森林康养、森林人家、林家乐等森林景观利用；青藏高原可适度发展林药等林下种植，规范发展野生中药材等林下采集加工。

（4）适宜发展品种。

林药：黄连、天麻、党参、桔梗、白芷、当归、茯苓、重楼、石斛、三七、钩藤、半夏、黄精（滇黄精）、白及、独活、姜黄、青蒿、大黄、龙胆（坚龙胆）等。

林菌：竹荪、冬荪、香菇、木耳、羊肚菌及地方特色菌种。

林花：茉莉、金银花、芍药、食用菊花等。

林草：黑麦草、鸭茅、三叶草、百脉根等。

林禽：鸡、鸭、鹅等。

林畜：猪、羊、牛等。

林特：金线蛙、梅花鹿、林麝、马麝等。

林下产品采集加工：野生药材、野生食用菌、山野菜、竹笋等采集加工。

（四）发展重点

1. 积极推广热带林下中药材产业

在保障森林生态系统质量和功能的前提下，紧密结合市场需求，大力发展热带林下中药材。以林草中药材生态种植、野生抚育和仿野生栽培3个通则为技术指南，选择林下中药材资源丰富的地区，开展生态种植、野生抚育和仿野生栽培试点建设工作。积极推广生态培育技术，建设一批林下中药材试点示范基地，推进林下中药材产业绿色发展。

（1）建立健全标准化生产体系。建立热带林下中药材标准化生产体系，制定完善的热带林下中药材标准框架，对标道地药材生产相关标准，建立健全种植、产地初加工、质量安全等标准体系。

（2）积极推广生态培育技术。积极推广热带林下中药材生态种植、野生抚育和仿野生栽培等生态培育技术，在中药材重点种植区域加快建设一批集约化、规范化、标准化种苗繁育基地，扩繁生产优质种子种苗，夯实中药材产业发展基础。加强对珍稀濒危道地中药材品种的保护、筛选、提纯复壮、组织培养和扩繁推广。

（3）依托基地发展衍生产业。通过培育种植集约化、设施现代化、生产标准化的热带林下中药材生产基地，加强与药企、医疗机构的合作，发展中药材衍生产业，积极培育地方传统保健食品产业，支持药食同源中药材产业化发展，支持中医药美容、护肤等系列产品研制生产及市场开拓。

2. 大力发展热带林下食用菌产业

（1）保育促繁菌根性食用菌。在保护好森林植被的前提下，改善林内通风透光，促进热带林下菌根和菌丝生长发育，增加菌根性食用菌种群数量；针对重点经济菌种加强人工繁育，鼓励商业化栽培，确保食用菌质量，促进菌根性食用菌与林木生长和谐共生；研究和推广食用菌林下撒菌栽培技术，综合利用生物微干扰的大生态效应，对有效的生态微干扰技术进行科学研究，制定操作规范和操作流程，有序开展推广应用。

（2）集约培育腐生型食用菌。大力培育温差适应性强、生长周期短、产菇期集中的新品种，支持食用菌菌种、菌棒工厂化生产，提高生产工艺水平；对菌种选育-菌种生产-栽培基质-场地管理-采收-运输-加工-销售全过程进行质量安全控制，制定产品标准化生产操作规程，积极开展精深加工技术的研究与创新，探索开展农业、林业、轻工业废弃物和林菌生产废料再利用研究，促进热带林菌加工技术的升级换代和循环经济发展。

（3）积极推广食用菌标准化示范种植。积极推广食用菌标准化示范种植，培育优质热带林下食用菌标准化生产基地。探索推行智能化、信息化生产经营方式和平台建设，对食用菌生产、加工等全过程进行智能管控，提升精细管理水平；大力推广成熟的生产管理模式，打造区域示范。加强质量安全控制技术研究开发，以标准研究制定、检测检验技术和建立全程质量安全保障体系等为重点，提高产品质量与安全，加速向标准化、国际化方向发展。

3. 科学引导热带林下养殖产业

（1）完善热带林下养殖相关制度。严格遵循《中华人民共和国野生动物保护法》的要求，对“有重要生态、科学、社会价值的陆生野生动物”进行全面保护和科学利用；完善热带林下养殖管理制度，尤其是野生动物人工驯养、观赏、繁殖产业，遵照《国家重点保护野生动物名录》制定负面清单，推动保护、繁育与利用规范有序发展。

（2）科学开展分类饲养的工作。提高养殖工作的科学性和合理性，根据实际选择适宜的树木品种，确定目前林区实际适宜养殖动物种类；做好对林木种植区域的划分工作，做好对林木的防护措施，避免在畜禽饲养时，对林木造成损伤。并应当合理对畜禽的排泄物进行集中清理，研究利用这些排泄物进行施肥工作的可行方案，提高土壤的肥力。

（3）加强科学研究成果转化。加强热带林下养殖模式下对提高土壤养分、减轻林木虫害、抑制杂草生长等方面的科学研究成果的应用；积极推广科学实用的热带林下养殖技术，以非重点野生保护动物为主攻方向，培育林下养殖基地和养殖大户，提升繁育能力，扩大种群规模，丰富产品类型，增加市场供给；构建网络工作平台，利用网络渠道与其他地区的工作人员进行互动交流，共享生态养殖工作的经验或成果。

4. 有序发展热带林下采集产业

（1）多种形式开展宣传引导。各级林草主管部门应采取多种形式，广泛组织开展科学采集、永续利用的宣传教育活动，全面提高林农、企业对热带林下资源的自觉保护意识，以及科学采收、有序利用的水平。

（2）加大科研支撑力度。积极组织开展对热带林下资源采集、加工、利用和实施集约化经营管理的研究，制定相应经营技术标准和规程，加快人工扩繁进度，提高热带林下采集资源品质，推进可持续经营和科学采集活动。

（3）加强资源监督管理。严格遵守《中华人民共和国野生植物保护条例》《中华人民共和国野生动物保护法》相关规定。强化对热带林下资源保护的监督管理工作，会同有关主管部门将监督管理延伸到采集、加工、销售、收购、运输、出口等环节，并持续跟踪。

5. 加快发展热带森林康养产业

（1）有序推进热带森林康养基地建设。依托资源优势，立足康养需求，建设差异化发展、优势互补的热带森林康养产业集群，形成多层次、多元化、多类型的森林康养产业格局。积极创建热带森林康养特色小镇、森林康养人家。

（2）科学指导热带森林康养分类发展。立足地方社会经济发展水平、消费需求、传统文化及森林资源等本底条件，因地制宜开展保健养生、康复疗养、健康养老、休闲游憩、健身运动、健康教育等森林康养服务，构建特色突出、差异化发展的热带森林康养产业体系。

（3）提升热带森林康养产品供给能力。丰富热带森林康养产品，着力提升森林康养产品供给能力，向社会提供多层次、多种类、高质量的森林康养服务。积极发展森林浴、森林食疗、药疗等服务项目，科学设置森林瑜伽、有氧太极等运动康养课程，有效结合热带森林认知、野外课堂等自然科普课程，促进森林康养与健康养生、康复养老、中医药等领域融合发展。根据康养资源特点，突出产品特色、地域特色和文化特色，提供专业化、特色化森林康养服务。

（五）主要措施

1. 加强热带林下经济品牌建设

（1）完善热带林下经济标准体系。按照“有标采标、无标创标、全程贯标”的原则，推动热区加快制定和完善热带林下经济产品标准和种植养殖、采集等技术规程，建立标准化生产体系，明确产品原料标准、复合产品标准、生产加工设备标准和生态环境标准等要求，保障热带林下经济产品质量。

（2）开展林下经济生态产品认证。广泛组织热带林下经济产品参与绿色食品、有机农产品、农产品地理标志、森林生态标志产品认定，积极参与国家地理标志产品、原产地保护标识等认证。参照《国家森林生态标志产品通用规则》的相关评价指标，建立热带林下经济产品生产流通溯源和标准检测体系。针对热带林下经济产品的原料生长地、生产加工、包装、储存、运输等环节，逐步规范热带林下经济生态产品认定认证体系。

（3）建立热带林下经济产品品牌体系。鼓励各地因地制宜制定热带林下经济产品品牌发展规划，对现有品牌进行梳理，对市场潜力大、产业优势强、区域特色突出、产品附加值高的产品列入发展规划，形成主导产业。将主导产业的品类资源、地域资源、环境资源、文化资源深度融合，挖掘培育区域品牌；重点做好品牌体系创建、推广运营管理、品牌价值维护与提升等工作，强化品牌保护，提升热带林下经济产品品牌影响力；加大品牌宣传力度，挖掘、讲好热带林下经济产品品牌故事；提升组织化程度，做优企业品牌。加大对企业质量认证、市场营销、品牌宣传、渠道开拓等扶持力度，引导企业强化商标品牌意识，支持龙头企业开展国际商标注册和国际认证，紧跟内外双循环新发展格局。

2. 加快经营主体培育

（1）加快林下经营主体培育。鼓励各类社会资本进山入林，鼓励国有林场发展林下经济，加快培育龙头企业、林业大户、家庭林场、专业合作社等热带林下经济经营主体。创建一批林下经济类国家林业重点龙头企业，支持科技含量高的企业申报高新技术企业。依托相关行业协会、龙头企业组织成立热带林下经济国家产业联盟以及重点产区联盟，培育优势产业集群。

（2）扩展林下经营业务。支持龙头企业开展林地林木代管、统一经营作业等专业化服务，引导适度规模经营，建立完善稳定的利益联结机制，提高林农组织化水平和抗风险能力。鼓励返乡入乡人员通过发展或参与林下经济及加工、物流冷链、产销对接等相关产业，实现就地就近创业就业。鼓励市场主体采取区域性资源整合运作模式，开展合作经营、代管经营、多元开发等业务。

（3）拓展延伸林下产业链条。龙头企业、合作社要发挥示范作用，带动推广机械化作业生产。鼓励龙头企业向前拓展原料基地建设，向后延伸热带林下经济产品精深加工，延长产业链、提升价值链。

3. 加快市场营销流通体系构建

（1）优化传统市场。优化热带林下经济产品传统线下市场布局，统筹产地、集散地、销地批发市场、集配中心建设。支持重要林下经济产品集散地、林下经济优势产品产地市场建设，结合林下经济全国区域布局，重点培育区域性热带林下经济产品中心市场。强化物流骨干网络、检验检测、信息互通、冷链物流等配套设施建设。

（2）拓展线上市场。利用区块链、大数据、云计算等新技术手段，推广“互联网+林下经济”营销模式，推进热带林下经济产品传统营销模式与电商集群、直播带货等新兴营销模式共同发展。扩大物联网示范应用，大力推广“直采直供”营销模式，提供双向定制选择。

（3）畅通物流体系。大力发展热带林下经济产品流通体系，统筹线上、线下流通网络布局，建立健全覆盖林下经济产品收集、加工、运输、销售各环节的物流体系，建设以示范基地、生产经营主体为基础，通过集散地、批发市场、集配中心中转，供应直销平台、连锁超市等多种销售终端，逐步形成面向集团客户、城乡居民的热带林下经济产品流通体系。

（六）支撑保障

1. 完善林下经济政策体系

（1）落实用地保障政策。鼓励利用各类适宜林地发展热带林下经济。推动落实公益林发展林下经济管理规定，允许利用二级国家公益林和地方公益林适当发展林下经济，推广使用科学种养技术发展林下经济。鼓励地方结合新一轮退耕还林政策或通过对第一轮退耕还商品林地实施林相改造等方式，建设热带林下经济基地。

鼓励通过土地流转以及招标、拍卖、公开协商等方式，合法流转集体所有的荒山、荒丘、荒地、荒沙、荒滩等未利用地经营权。鼓励采取出租（转包）、入股、转让等方式流转集体林地经营权、林木所有权和使用权，允许通过租赁、特许经营等方式开展国有森林资源资产有偿使用。符合政策的可向不动产登记机构申请依法登记造册，核发不动产权证书，切实保障土地流转各方合法权益。

利用林地发展林下经济的，在不采伐林木、不影响树木生长、不造成污染的前提下，允许放置移动类设施，允许利用林间空地建设必要的生产管护设施、生产资料库房和采集产品临时储藏室，相关用地均可按直接为林业生产服务的设施用地管理，并办理相关手续。涉及将农用地和未利用地转为建设用地的，应当依法依规办理转用审批手续。

（2）完善财税支持政策。鼓励各地建立政府引导，企业、专业合作组织和林农投入为主体的多元化投入机制。鼓励地方加大林业贷款贴息支持力度，对符合条件的贷款项目，实行据实贴息。大力筹措扶持资金，引导社会资本广泛参与热带林下经济发展。争取各地财政部门将符合条件的种植养殖、采集和初加工常用机械列入农机购置补贴范围。落实林下经济精深加工的税收优惠政策。对符合条件的返乡入乡创业林农，按规定给予税费减免、创业补贴、创业担保贷款及贴息等创业扶持政策。对在农村建设的保鲜仓储设施用电以及林下经济产品就近初加工用电，实行农业生产用电价格。

积极探索林下经济项目入股保底分红、效益分红以及林地流转或入股收益、劳务收益的实现机制，促进龙头企业、合作社、林农形成紧密的产业发展共同体，明确林农在产业发展各个环节上的利益分配，确保林农获得稳定收益。

指导林下经济企业应知尽知、应享尽享各项税费优惠政策，减轻林下经济企业负担。依法登记林下经济专业合作社与本社成员签订的产品和生产资料购销合同，依法免征印花税。对企业从事林下种植、养殖、林产品采集和林产品初加工所得，依法免征、减征企业所得税。

（3）加大金融支持力度。建立林下经济产业投融资项目储备库，推进银企对接。鼓励金融机构在商业可持续、风险可控的前提下，针对林下经济产业特点，合理确定贷款期限和贷款利率，加大信贷投入。各级林草部门要积极协调金融机构，对具备发展潜力的林农、林业大户、合作组织及龙头企业发展的林下经济项目，在风险可控的前提下给予信贷扶持。稳步推进农户信用评估和林权抵押贷款，扩大林农贷款覆盖面，给予适当利率优惠。探索“政府+银行+企业+农户+保险”的“五位一体”合作贷款模式，解决融资难、融资贵问题。鼓励符合条件的林下经济企业上市、发行公司债券、企业债券，拓宽融资渠道。

探索建立林权抵押贷款风险保证金制度，鼓励和引导市场主体对林权抵押贷款进行担保。探索开发林下经济设施抵押、收益权（应收账款）质押贷款等信贷产品。落实支持小微企业、个体工商户和农户的普惠金融服务税收优惠政策。将符合条件的林下经济产业贷款纳入政府性融资担保服务范围，鼓励发展基于森林资源的绿色金融产品，探索生态产品价值实现机制。

鼓励各地积极开展热带林下经济保险试点，纳入地方优势特色农业保险品种，积极争取中央财政以奖代补政策支持。加大森林保险政策宣传，引导林下经济生产经营主体积极参加各类保险，增强灾害风险防范应对能力。引导保险机构精准对接林下经济产业风险需求，研发专属保险产品，提供更加全面的综合性保险服务。积极探索创新保险机制，推进森林保险与信贷、担保、期货（权）等金融工具联动，充分发挥保险的融资增信功能，缓解农户融资难题，助力林下经济产业高质量发展。

2. 加强林下经济基础设施建设

（1）水电路等综合配套设施建设。结合农村基础设施建设，建立健全林区基础设施投入长效机制。结合热带林下经济基地建设，合理配套林下经济产业必备供水供电设施。促进林区水、电、路网综合配套设施有效互联互通，强化林区道路尤其是防火应急道路养护管理的资金投入和机制创新，确保热带林下经济产业资金能够引进来、产品能够运出去。改造提升现有设备、设施和用房，促进产业向绿色化、集约化发展。

（2）监测监管信息化平台建设。结合自然资源“一张图”和国土空间信息平台、国家生态红线监管平台和正在构建的国家—地方互联互通重要生态系统保护和修复重大工程监测监管平台，以遥感、5G、云计算、大数据、人工智能等新一代信息技术为支撑，以林草综合监测数据为基础，建设生态网络感知系统平台，鼓励有条件的地方设立区域林下经济发展监测监管信息化平台，引导正确利用林地资源，促进热带林下经济健康发展。

（3）物流网络平台建设。加快林区物流、信息等基础设施建设，联合数字乡村战略与电商平台，加快宽带网络和第五代移动通信网络覆盖程度，开发适应热带林下经济产业发展的信息技术、产品、应用和服务。

3. 强化林下经济科技支撑体系

（1）加强应用技术研究。积极引导热带林下经济经营主体与科研机构、高等院校的交流合作，加强林下经济应用技术的研究，重点开展良种选育、仿野生栽培、节水保土、病虫害防治、产品精深加工、储藏保鲜等先进实用技术的科研攻关。

（2）推进科技成果应用。加快热带林下科技成果的应用推广，建立新品种、新技术、新产品知识产权数据库。完善技术服务和技术推广体系，建立热带林下经济科技推广转化平台，开展技术培训和科技下乡活动，利用“互联网+”模式，加大热带林下经济技术培训力度，在林业网站建立林下经济技术专栏，聘请专家做客答疑，及时做好林下经济技术指导。

（3）强化人才队伍培养。加强热带林下经济相关人才培养。加大专业技术人才、经营管理人才、技能人才、服务人才、乡土专家等的培养力度，完善研发、生产、管理、销售人才培养体系，切实提升热带林下经济产业人力资源开发和经营管理水平。

4. 严格森林生态环境保护

（1）严格遵守法律法规。开展林下经济相关经营活动，必须严格遵守《中华人民共和国森林法》《中华人民共和国草原法》《中华人民共和国水土保持法》《中华人民共和国野生动物保护法》《中华人民共和国森林法实施条例》《中华人民共和国野生植物保护条例》《中华人民共和国自然保护区条例》《国家级公益林管理办法》《国家级森林公园管理办法》等相关法律法规。

（2）强化资源利用监管。强化林地资源利用监督管理，将热带林下经济发展纳入林地保护利用规划体系，强化林草资源监督管理，统筹林草资源综合监测。依法执行林木采伐管理制度，严禁以发展林下经济为名擅自改变林地性质或乱砍滥伐、毁坏林木，或乱开滥垦、破坏草原。依法加强林地承包经营权、林木所有权及林下资源流转管理。发展热带林下林下经济要与森林经营活动相结合，由相关林业主管部门统筹考虑林下经济实施主体和其他林木所有者的林木采伐权益。在集中连片大规模建设林下经济基地前，要进行必要的环境或生物多样性影响评价。

（3）制定发展负面清单。根据各地森林资源状况和林农种养传统，制定林下经济发展负面清单，科学评估可发展热带林下经济的林地范围及利用方式，严禁在生态敏感区、生态脆弱区发展林下种植和养殖。合理确定林下经济发展的产业类别、规模以及利用强度，防止对林下微生物、植物的过度破坏和水土流失。在不影响森林生态功能的前提下，鼓励科学利用各类适宜林地和退耕还林地等资源，因地制宜发展热带林下经济。

三、广西林下经济产业发展状况

（一）广西林下经济产业发展概况

1. 产业规模稳步壮大

2020年，广西林下经济发展面积达6 820.57万亩，林下经济产值突破千亿元大关，达到1 235亿元。全区林下经济发展面积和产值连续10年位居全国先进行列。

2. 助农增收作用明显

2020年，全区林下经济惠及农户340万户、林农1 505万人，占农村居民总数的62%；全区农村居民人均年可支配收入13 676元，其中经营净收入5 619元（一产4 016元、二产220元、三产1 383元），来自林下经济的收入为1 505元，占农村居民人均可支配收入的11%、占经营净收入的27%。由此可见，林下经济助农增收成效明显。林下经济产业已成为巩固脱贫攻坚成果、助推乡村振兴发展的新引擎，是当前农村经济增长最快的领域之一。

3. 经营组织化程度明显提升

“十三五”期间，林下经济经营主体进一步由单一农户向农民专业合作社、企业、林场等规模发展，全区现有各类林下经济经营企业1 020家；从事林下经济的农民专业合作社1 176个，参与林下经济生产的农户达340万户，新增各类林下经济示范基地457个，总量达到1 005个。

4. 品牌打造初见成效

广西林下经济已发展形成林下种植、养殖、采集加工、旅游等4大类38种主要模式，林下经济产品种类超过200种。全区现已注册的林下经济产品商标超100个，品牌市场影响力和美誉度日渐提升。全区获得“三品一标”认证的林下经济产品95个。

5. 产品流通体系初具雏形

“十三五”期间，林下经济产品营销渠道、营销模式多样化，流通销售网络初步形成。大宗产品生产企业与加工销售企业直接对接，形成相对固定的销售渠道，一些生产企业建立了直销网点。部分企业或农户依托各类行业协会、产业联盟等行业组织，多维度地宣传推广，扩大了林下经济产品的影响力和知名度，拓展了销售领域。采取“互联网+订单农业+基地+农户”的发展模式，带动农户参与林下经济生产，打通林下产品进城“最后一公里”。

（二）广西林下经济产业发展存在的问题

1. 林区基础设施较薄弱

多数林区比较偏远，基础设施（水、电、路等）条件较差，难以开展机械化作业，导致经营成本较高。一些林下经济生产经营服务设施用地落实困难，按现行林业设施用地管理政策法规，林下经济生产经营服务设施使用林地较难获得主管部门行政审批，制约了产业规模发展。

2. 科技支撑不足

基层缺少有经验、有技术的林下经济科技人员，不能及时解决群众生产中遇到的技术难题。技术研究储备不足，林下经济生产中的一些关键技术尚缺乏系统的研究。同时，林下产品缺乏生产标准和产品标准，低端产业和产品多，精品或名品不多，高端产业和产品不多。品牌知名度低，缺少高端品牌，绿色生态产品供给不足。

3. 资金投入不足

当前，资金缺乏成为制约林下经济产业高速发展的主要瓶颈。“十三五”期间，自治区财政虽提供了林下经济发展专项补助资金，但资金有限，且投入分散。市、县财政也难给予扶持，财政投入无法满足林下经济发展的需求。林下经济项目融资渠道不畅通，门槛较高。小微企业和个体经营业主融资困难，其他金融资本和社会资金投入少，导致林下经济产业投资渠道单一，发展资金匮乏。

4. 产业融合度有待提高

林下经济加工业“短板”问题突出，产品加工转化率低，初级加工多，精深加工业缺乏。产业集群化程度低，经营组织化、集约化程度不高，一二三产业之间的利益联结机制不健全。全区从事林下经济生产的农户达340万户，共773万人，小微经营实体居多，林下经济龙头企业、农民专业合作社和农民个体的联系不紧密，没能发挥应有的带动作用，在生产、加工、销售和社会化服务等方面风险共担能力较弱。

（三）广西林下经济产业发展机遇与挑战

1. 机遇

（1）全面推进乡村振兴为林下经济提供了更广阔的空间。产业振兴是乡村振兴的关键。发展林下经济是帮助山区、林区农民致富最有效、最直接的途径，是农村产业振兴的重要突破口，潜力巨大。扶持林农发展林药、林菌、林畜、林禽、森林旅游等特色产业，推进林下经济发展壮大，以带动林农增收致富。通过各项优惠政策，鼓励农民大力发展林下经济，对广西实施乡村振兴战略有着重要作用。

（2）相关政策支持为林下经济发展提供了制度保障。新修订的《中华人民共和国森林法》及国家多个部委联合发布的《关于科学利用林地资源促进木本粮油和林下经济高质量发展的意见》中都明确提出发展林下经济。2021年4月，《广西壮族自治区国民经济和社会发展第十四个五年规划和2035年远景目标纲要》中提出“优化发展林下经济”。

（3）食品安全意识增强为优质林下产品生产提供了契机。绿色产业成为国家大力倡导和重点扶持的产业。绿色食品有严格的认证标准，绿色食品的质量远远高于普通食品，吸引消费者更多关注并消费绿色食品。因此，林下养殖的鸡、猪、牛、羊等优质绿色生态肉类产品市场需求增长较快，产品结构性需求缺口较大，为林下经济的快速发展提供了很好的契机。

（4）大健康产业发展为林下经济提供了更广大的市场。2020年我国人均GDP（国内生产总值）已超过1万美元，消费结构升级加快，城乡居民的消费需求呈现个性化、多样化、高品质化特点，休闲观光、健康养生消费渐成趋势。2020年我国大健康产业规模达到8.73万亿元，预计未来5年年均增长率超过10%。大健康大保健产业体系中的中医药产业，保健品、功能食品、健康食品等产业均与林下经济紧密相关，市场增量空间大。

2. 挑战

当前林下经济发展面临的挑战主要来自3个方面：一是受资源和环境的双重约束越来越紧，如何在保障生态安全的前提下实现林下经济的规模化发展，促进农民增收、企业增效，成为难题；二是农村劳动力供给不足，企业面临着劳力短缺、人力成本增高等问题，实现林下经济产业化经营的难度加大；三是新冠疫情对世界经济格局产生冲击，国际形势动荡，世界经济严重衰退，国际贸易和投资萎缩，产业链、供应链循环受阻，给我国经济社会发展带来了极大的不确定性，市场风险增大。

（四）广西林下经济产业发展对策

1. 做优林下特色种养产业

（1）积极推广林下中药材种植。结合广西油茶“双千”计划、国家储备林工程等的实施，推广林下中药材种植。积极推广林下中药材生态种植、野生抚育和仿野生栽培等生态培育技术。每个发展片区选择1～2个县，每个县培育1～3个具有较高市场识别度和较强市场竞争力的中药材优势品种，发展一批种植规模达10万亩的林下中药材种植大县。

（2）积极发展林下食用菌栽培。制定产品标准化生产规程，积极推广食用菌标准化示范种植，培育优质林下食用菌标准化生产基地。探索推行智能化、信息化生产经营方式和平台建设，对食用菌生产、加工等全过程进行智能管控，提升精细管理水平；大力推广成熟的生产管理模式，打造区域示范。以灵芝、红椎菌、香菇、牛肝菌、茶树菇等珍稀菇类为重点。

（3）科学发展林下生态养殖。加强林下养殖对提高土壤养分、减轻林木虫害、抑制杂草生长等方面的科学研究，积极推广科学实用的林下生态养殖技术。聚焦肉鸡、肉鸭、肉鹅、肉猪、肉牛、肉羊等优良本地品种，发展林下生态养殖产业，培育一批年产值超10亿元的林下生态养殖大县。

2. 做强林下产品精深加工产业

以林业产业园区建设为依托，鼓励企业实施“种植（养殖）基地+龙头企业+产品深加工”一体化建设，带动推广机械化、智能化作业生产，延长产业链，提升价值链。加快林下经济产品精深加工业发展，培育若干林下经济产品深加工企业集团，优先在松香、香精香料、中药材等品种的深加工方面实现较大突破。

（1）松脂采集加工。整合现有松脂企业布局，走集团化、规模化、系列化的发展之路。构建松脂深加工科技支撑体系，加大技术创新力度，突破松脂产品精深加工技术瓶颈，创新生产工艺。扶持优质龙头企业加大技术改造和产品创新，促进产业转型升级。

（2）香精香料采集加工。注重专用机械的研发，加快生产机械化、自动化、智能化转型；加大产业前沿技术研发力度，破解产业发展技术瓶颈问题，掌握精深加工产业核心技术，促进香精香料产业换档升级。打造八角、肉桂和沉香产业集群。

（3）中药材采集加工。一是构建广西林下中药材产地加工体系。引进知名中药材饮片加工企业或鼓励有实力企业在道地药材产区建立加工基地，建设清洁、规范、安全、高效的现代化中药材加工基地；加快道地药材生产基地产地贮藏设施设备建设；对中药材生产过程产生的非药用部位、药材及饮片加工过程产生的下脚料等进行资源化利用，延伸产业链，提高综合收益；构建中药材生产全过程溯源体系。二是构建广西林下中药材深度开发全链产业体系。完善产地清洗、干燥、挑选分级、修整切制等初加工体系。引进现代干燥技术，将远红外干燥、微波干燥、真空冷冻干燥、高压电场干燥、热泵干燥等新型的科学技术应用在中药材干燥中，提升中药材保鲜能力，保持药效。探索推进中成药（中药饮片、提取剂、提取液等）、中药保健品、食用药膳、美容化妆品等新产品开发。

3. 优化森林景观利用产业

（1）建设都市森林旅游康养产业群。以全区14个地市为核心，辐射带动周边森林旅游康养业发展。探索建设以设施、生态、观光休闲、会展等为特征的都市现代农（林）业综合体发展模式，推进林下经济与旅游、教育、文化、体育、健康养老等产业深度融合，积极开拓农家乐、森林人家、休闲养生等富有广西特色的经营模式。

（2）建设林区休闲旅游景点。依托森林、花海、茶园、花木场、种养场等森林风光，发展森林人家、森林健康氧吧、生态体验、花卉苗木观光、特色动植物观赏等业态，开发“伴手礼”等旅游产品，建设林区特色休闲旅游景点。

（3）建设乡村休闲生态旅游景点。结合实施乡村振兴战略，以及“美丽广西·幸福乡村”“森林乡村”建设工程，充分挖掘和利用乡村振兴地区的林业生态旅游资源，积极发展森林人家、森林体验基地、森林康养基地、森林生态文化旅游示范区、星级乡村旅游区以及农家乐等新业态，推进欠发达地区的林下生态旅游发展，促进乡村振兴。

4. 打造林下经济特色知名品牌

（1）精选重点发展品种。聚焦传统优势特色产品，林下种植的道地药材、金花茶、红椎菌，林下养殖的优质肉鸡、肉猪、肉牛和蜂蜜产品，林下产品采集加工的松脂、八角、肉桂、柠檬桉、山苍子、桂花、白千层、沉香、岗松、香茅草和藤芒棕编织等产品，从各大类模式中精选1～3个品种，重点挖掘、扶持及打造，并以此带动其他品种发展。

（2）开展“提品质创品牌”专项行动。支持发展无硫加工、无黄曲霉毒素、无高毒农药、无重金属超标、无抗生素和无环境激素超标及全程可追溯的“六无一溯”中药材种植模式；有序推广使用高效和易降解的生物和微生物农药农肥，以及“三避三诱”生物防治等绿色植保技术。组织林下经济产品开展“三品一标”认证，提升地标林下经济产品品牌影响力。积极挖掘和培育“桂”系列以及地理标志产品系列品牌文化，创建防城金花茶、浦北红椎菌、融水灵芝、环江香牛、宁明八角香鸡等以“产地名+产品名”构成的区域公用品牌；创建一批以企业名称为品牌名称的企业品牌和产品品牌。

（3）推进特色品牌宣传塑造工作。依托广西林下经济产业协会和区直林场林下经济绿色产业联盟，共同推进林下经济产品市场开拓、行业形象塑造等工作。支持各地开展林下经济特色产品推介、营销和宣传活动，运用自媒体、广告媒介、节庆策划、展会博览等加强林下经济产业及产品宣传；利用好中国–东盟博览会、中国–东盟林业合作论坛等高端平台，广开渠道，抓准商机，挖掘潜在客户。着力提升林下经济产品品牌的社会知名度、市场美誉度、消费者忠诚度，打造一批有市场影响力的知名特色区域品牌。

（4）构建高效的销售网络。构建长网短网互补、线上线下结合的灵活运用的多元化销售网络，支持全区各地发展线下体验店；加快推进线上线下林下经济专业市场的建设，建设一批区域性专业化的林下经济产品市场。依托玉林“中国南方药都”和南宁“全国中药材进口第一大口岸城市”的资源优势，做大做强中药材专业市场和香精香料市场，打造全国领先、辐射东盟的中药材集散中心。

5. 构建林下经济产品质量安全保障体系

（1）完善质量标准体系。引导企业、科研院所、高校等多机构联合，推进林下经济产品标准或质量标准的制定，成熟一个品种打造一个标准，逐步形成体系。开展林下经济产品原产地保护，推动企业标准化生产，鼓励行业协会、生产企业制定和实施严于国家标准的企业标准，建立企业标准自我声明和监督制度。优先将林下经济示范基地的产品纳入有机绿色产品认证管理范围。重点制定林下种植灵芝、铁皮石斛、五指毛桃、莪术、山豆根、鸡血藤、鸡骨草、两面针、砂仁、田七、天冬等中药材，以及林下养殖蜜蜂、土鸡等畜禽团体标准。

（2）构建质量安全监管体系。加强检测和评价技术研究，完善林下经济产品检测体系和质量评价体系。建立以数据快速采集、信息即时查询、认证管理和技术信息服务为主要功能的林下经济产品信息管理体系、产品全过程溯源体系。健全第三方质量检测体系，强化林下经济产品质量监管及结果运用。加强上市产品市场抽检，严厉打击产品生产过程中的违法行为，从源头强化产品质量监管。

四、广东林下经济产业发展状况

（一）广东林下经济产业发展概况

广东省森林覆盖率58.88%，其中珠三角9市森林覆盖率为51.50%，粤东西北12市为64.76%。活立木总蓄积5.66×10^8米^3，其中森林（含非林地上的森林）蓄积5.61×10^8米^3。乔木林蓄积为58.25米^3/公顷。全省林业用地面积为1 095.89万公顷。按地类划分，有林地995.38万公顷，占90.83%，其中乔木林地960.46万公顷、竹林33.06万公顷。2015年，全省省级以上生态公益林达到480.80万公顷，占林业用地的43.87%；商品林615.09万公顷，占林业用地的56.13%。

广东省目前适合林下经济开发的林地面积为417.87万公顷，只占全省林地的38.6%。目前，林下经济经营面积为198.8万公顷，占适合发展林地面积的47.6%，全省林下经济产值489.4亿元，占全省林业产业产值7 600亿元的6.4%，仍有巨大潜力待挖掘。

广东省利用森林资源在林下种植养殖的历史源远流长，林区农民历来就有林下种养的传统习惯，如林下种药材，林下养鸡、猪、羊等。突出重点，积极推广林下经济合作经营模式，抓好林下经济基地示范项目建设。截至2019年底，全省共有国家级林下经济示范基地14个、省级林下经济示范基地110个、省级林下经济示范县28个。全省林下经济经营面积达到2 982万亩，产值489.4亿元，受益农户192.4万户，全省林下经济产业呈现出生态增优、产业增效、农民增收的稳步发展态势。

广东省各地在发展林下经济过程中形成了林下种植、林下养殖、林下产品采集加工、森林景观利用等四大基本类型。

（1）林下种植。主要特色产业有饶平、兴宁市的铁皮石斛，仁化、连南的香菇和灵芝，高要、信宜市的肉桂，德庆县的首乌、巴戟，阳春市的春砂仁，梅县区的金花茶等。

（2）林下养殖。主要特色产业有蕉岭县、从化区的蜜蜂，阳山县的清远鸡，吴川市的三黄鸡，信宜市的怀乡鸡，南雄市的黑山羊。如已形成规模产业的蕉岭县桂岭蜂业公司，采用“龙头企业+行业协会+专业合作社+生产基地+专家+蜂农”的产业化模式发展养蜂业，现有养蜂基地面积3 333公顷，年产蜂蜜1 200吨，带动蜂农3 000余户，解决4 000余农民就业，蜂农户人均养蜂年收入3.9万元。

（3）林下产品采集加工。主要特色产业有广宁县的竹笋采集加工，德庆、封开、新兴、郁南县的松脂采集，蕉岭县的野生菌采集加工，乳源的五指毛桃采集加工，紫金的竹壳茶采集加工，龙门的西溪笋采集加工，清新区的食用菌等。其中规模较大的是清新区的林中宝食用菌有限公司，将菌类的生产加工、销售与特色餐饮及生态旅游深度结合，并组建了专门的科研专家团队，辐射带动山区周边菇农10 000多户，创造1.2亿元的经济效益。

（4）森林景观利用。包括森林生态休闲、养生、健身等特色产品，主要产业有德庆县的盘龙峡、增城区白水寨风景区、蓝城区的望天湖休闲度假区、龙门县南昆山森林人家等。

另外，有些县（市）开发了立体发展模式，如平远县鸿基生态产业园有限公司，利用现有林地林木资源进行改造，发展“林下养鸡、林中种茶、山下养猪、水中养鱼”等多种模式为一体的林下经济立体经营模式，大大提高了林地产出率。

（二）广东林下经济产业发展SWOT分析

1. 优势

（1）自然资源优势。全省林地按使用权划分由集体掌握使用权的占70.28%，非常有利于集中林地资源进行适度规模经营。在广东省扎实推进四大重点生态工程建设过程中，对森林资源培育力度不断加大，森林资源管护水平逐步提升，全省森林资源继续保持稳步健康增长势头，也为广东省林下经济的快速发展提供了广阔的空间。

（2）区位优势。广东地处珠江出海口，毗邻香港、澳门，拥有中国三大城市群之一的珠江三角洲城市群，已经达到中等发达国家平均水平，消费市场规模庞大。随着人们消费水平的升级，对绿色农产品，特别是林下产品的需求量大增。广东省林下经济产品除供应省内市场外，还可就近对接香港和澳门消费市场，也可通过珠江三角洲经济带的出口市场走出国门，销往海外。

（3）林业产业优势。广东是全国林业产业大省，林业产业总产值连续多年位居全国首位。2020年全省林业产业总产值达8 212亿元，从产业结构上看，第一产业产值1 264亿元、第二产业产值5 177亿元、第三产业产值1 771亿元，占比分别为15.3%、63.07%、21.6%。近年来，广东省加快转变经济发展方式，优化产业结构，加快转型升级，大力发展绿色惠民产业，积极推进供给侧结构性改革，做强第一产业、做优第二产业、做大第三产业，力促一二三产业融合发展。林下经济在促进生态建设与经济建设协调发展、推动产业结构转型升级、提升林业产业核心竞争力方面都发挥了重要作用。全省林业产业发展水平稳步提升，绿色消费理念深入人心，生态建设步入深水区，这都为林下经济发展提供了极佳的外部环境，当前正是广东省林下经济大发展的重要契机。

2. 劣势

（1）经营主体弱散小，市场化程度低。广东省林下经济经营主体大部分以农民合作组织或个体农户的形式存在，数量虽多，但经营能力弱，生产分散，规模小。由于缺乏专业的行业协会指导，农民合作组织及个体农户对市场需求的变化难以作出及时反应，在林下种养上存在盲目性和滞后性。在经营林下经济的过程中，大多数经营者只能坐等外地经销商上门收购或市场零售，效益不稳定。而且大部分交易局限于农村地区，就近供给本地市场，进入超市和综合交易市场的数量有限。经营林下经济的农户大多数沿用传统的管理方法和养殖方式，缺乏先进的科学养殖技术和管理理念，致使经营成本高、效益差，不能适应市场需求。

（2）组织化程度低，标准化能力弱。林下资源开发利用仍停留在初级阶段。目前，绝大部分林下相关资源的开发利用只是简单、盲目地采集、出售初级林产品，易导致掠夺性采集，不利于森林资源的管护和持续经营。以提供初级林产品为目的的种植养殖和生产加工，其产品大多缺乏质量保证，标准化生产能力的欠缺，进一步加大了延长产业链和精深加工的难度，导致产品附加值低，营利性差，生产规模难以扩大，无法有效吸引社会资本投入。

（3）缺乏龙头企业和自主品牌。龙头企业牵头发展林下经济通常需要连片的大面积林地，租赁农民的林地时要每家每户去商谈，还要面临农民之间的林地权属纠纷和基层村民自治组织更迭带来的不确定性，无形中增加了经营成本，不利于企业进驻。龙头企业的缺乏也导致自主品牌难以做大做强，依附外来品牌发展的林下经济容易沦为初级林产品或初级原料供给地，难以掌握核心生产加工技术，相关产业发展停滞，一旦该产品销量增加，容易造成资源掠夺性开采，而该产品如果前景不佳，又容易导致初级林产品或初级原料供给地被废弃，对当地经济发展和生态保护都是严峻考验。

（4）产品辨识度不高。广东省林下经济产业虽已具备一定规模，林下产品丰富多样，但大部分林下产品与农田、大棚种植养殖的农产品差异性并不显著，而林下产品虽然质量相对更好，但大多产量较低，价格较高，与农田、大棚种植养殖的农产品相比，没有价格优势。没有专门针对林产品特别是林下有机产品的认证体系，林下经济产品辨识度不高，难以在众多的有机农产品中脱颖而出。由于对林下经济产品的宣传和推介工作相对滞后，消费者也普遍缺乏对林下有机产品的认知，消费潜力虽然巨大，但消费市场还有待培育。

（5）基础设施滞后。鉴于山区林区实际情况，发展基地往往比较偏远，普遍存在路、电、水、通信等基础设施不完善、不配套的问题，要完善相关基础设施，前期投入巨大，且风险较高，经营者和投资者多报以谨慎态度。大部分地方政府对林下经济基础设施建设扶持力度不够，也是造成基础设施滞后的重要因素，制约了林下经济规模发展、集约化经营。

3. 机遇

（1）深化集体林权制度改革工作为林下经济发展提供新动力。2012年，广东省集体林权制度改革明晰产权、确权发证主体改革任务基本完成，同年开始全面推进深化集体林权制度改革工作。深化集体林权制度改革，就是在基本完成集体林权制度的主体改革以后，为巩固林改成果，进一步完善细化林权登记发证工作，进一步推进林地林木流转规范管理、林业合作组织建设、林下经济发展以及林权社会化服务等为主要内容的林业改革。深化林改的最终目标是建立“产权归属清晰，经营主体到位，权责划分明确，利益保障严格，流转顺畅规范，监管服务有效，配套机制完善”的现代林业产权制度。

（2）政府重视为林下经济发展提供了政策支持。由于林下经济潜在的巨大经济效益和社会效益，广东省十分重视林下经济的发展，在政策和金融等多方面都给予大力支持。根据广东林业的实际情况，2012年广东省人民政府办公厅出台了《关于加快林下经济发展的实施意见》，对广东省发展林下经济工作做了全面的部署。同时，广东省林业厅编制了《广东省林下经济发展规划（2012—2020年）》，并要求各地根据此规划，因地制宜，立足本地森林资源和经济发展实际，厘清思路，明确目标，合理引导和推动林下经济有序、适度发展。近几年，广东省林业局发布了《关于促进林业一二三产业融合创新发展的指导意见》（粤林〔2020〕33号），广东省自然资源厅、广东省文化和旅游厅、广东省林业局发布了《关于加快发展森林旅游的通知》（粤自然资发〔2019〕5号），广东省林业局、广东省民政厅、广东省卫生健康委员会、广东省中医药局发布了《关于加快推进森林康养产业发展的意见》（粤林〔2020〕66号），积极推动林下经济快速发展。

（3）乡村振兴为林下经济发展带来新机遇。广东省持续实施乡村振兴林业行动，着力发展绿色惠民产业，助力广东脱贫攻坚和全面建成小康社会。以扶持发展林下经济、木本粮油为重点，因地制宜发展花卉苗木、林果、林药、森林旅游等特色产业，推进木材加工等传统优势产业转型升级。同时也要求林业部门探索建立生态公益林科学经营、可持续经营的有效机制，因地制宜扶持贫困村和贫困户发展林下经济。当前，在林业经济发展和生态建设之间存在结构性矛盾的情况下，要实现粤东西北贫困地区特别是山区林区脱贫致富，发展林下经济是重要的选项之一。

4. 挑战

（1）市场无序竞争。在缺少龙头企业和自主品牌的环境下，本土优势品种易受到无序市场竞争的冲击，劣币驱逐良币效应凸显，逐渐丧失品牌价值，反过来也影响了经营者的收益，压缩了品牌产品的发展空间，造成恶性循环。在林下种植养殖和林下产品采集加工方面，出现了盲目跟风的现象，一味求多、求快，缺乏前期的市场调研和长远的发展规划，往往造成一哄而上、一哄而散，严重制约产业发展，扰乱市场秩序，又对生态环境造成损害，非常不利于林下经济发展。在森林景观利用方面，则表现为同质化竞争，缺乏特色和创新。全省森林景观利用和森林旅游大部分仍停留在“固定景点+购物+住宿”的消费模式，造成同行业在品牌建设、消费服务和营销手段上相互模仿，提供的旅游产品也大同小异，缺乏吸引力和竞争力。

（2）林地使用受限。2015年生态公益林面积扩大后，广东省的生态公益林面积达到480.83万公顷，适合发展林下经济的低海拔、坡度较小且交通较便利的林地大部分被划入生态公益林，进行统一管理，适合发展森林旅游的景观林多数也被划入自然保护区或国有林场。林下经济发展不可避免地涉及低强度的林地开发、占用，林分改造以及林木择伐、修整等，按照目前国家和广东省关于公益林和自然保护区、国有林场的相关管理条例，对该类生产经营活动都是严格限制的，特别是在珠三角地区，如广州市在生态建设中实施生态公益林全覆盖，深圳市全部林地实行国有化，对林下经济发展影响较大，应适度降低经营准入门槛，缓解当地群众生产生活需求和森林生态保护之间的矛盾。

（3）生态环境风险。林下经济是“不砍树，能致富”的绿色生态产业模式，但仍是林业生产部门，人为干扰因素大，对生态环境影响虽不像其他林业生产那样明显，却也不可避免。林下种植品种选择不当，可能引发水土流失，大面积种植单一品种可能造成病虫害高发；林下养殖密度过大容易带来环境污染，增加疫病风险；森林景观过度开发利用使森林呈现碎片化，影响生物多样性和森林生态稳定性；林下产品过度采集则可能造成生态失衡。随着林下经济经营和管理水平的提高，对林地和林下空间的利用程度和利用方式也会逐渐深入和复杂。目前对森林生态环境的风险评估机制尚不成熟，对森林中进行的建设活动大多缺乏长期规划和有效监管，一旦由于人为因素引发生态灾害，需要耗费大量人力物力财力和时间进行恢复，对周边林农生产生活也会造成负面影响。林业主管部门出于生态环境安全起见，往往对林下经济项目保持谨慎态度，无形中也增加了林下经济经营者的风险和负担。

（三）广东林下经济产业发展存在的问题

依据省内调研和摸底调查的情况反映，目前制约广东省林下经济发展的原因主要有5个方面。

1. 管理服务与科技支撑力量不足

林下经济发展涵盖林业、种植业、畜牧业等。目前，广东省林下经济发展工作主要由林业、农业部门推进，林业部门的林改、产业、营林、科技等机构均有职责分工，但没有建立专门的林下经济管理服务机构和专业的林下经济科研推广机构，管理服务与科技支撑明显不足。

2. 政策和资金扶持力度不强

2015年以前，省级财政没有安排林下经济发展专项资金，各市、县对林下经济发展的投入也很少，没有形成政府引导、重点支持林下经济示范基地与综合生产能力建设的投入机制。林下经济经营者在融资抵押贷款、基础设施配套、税收优惠等方面的扶持政策难以落实。对比湖南、广西、福建等省份每年3 000万～7 000万元的财政扶持资金，以及林权抵押、小额信贷等方面的帮扶措施，广东省对林下经济的扶持力度有待加强。

3. 经营管理水平不高

由于广东省林下经济发展工作起步晚，经营者大多沿用传统的管理方法和种养方式，经营状态分散，名牌产品、拳头产品不多，品种单一，规模不大，产业链不长，市场化组织程度较低，典型示范带动能力不强。

4. 基础设施落后

由于发展林下经济的山区大多位置偏远，投入有限，加上设施用地管制严格，普遍存在水、电、路等基础设施不完善、不配套等问题，在做大规模、延伸产业链、提高管理水平等方面能力不足，严重制约了林下经济规模化、集约化发展。

5. 农民合作组织松散

在林下经济发展初期，农民合作组织起到了关键作用，但这类组织多数是农民为便于某一品种的规模化经营而自发组建，大多组织依然相对松散，标准化生产程度低，同时由于缺乏林下经济示范基地和龙头企业带动，造成经营模式单一粗放，产品竞争力不强，对市场需求反应不灵敏，抵御市场风险的能力较弱。

（四）广东林下经济产业发展对策建议

1. 切实加大林下经济发展科技支撑力度

建议成立由高等院校、科研机构与产业龙头组建的林下经济科研中心，充分整合人才、技术、资金，推进协同创新和成果转化。依托高等院校、科研机构和企业生产实践，制定林下经济技术指标体系、技术规程和标准；推动出台相关的评级制度和管理办法，规范科学种养、采集加工和景观利用，合理开发林业资源。加强林下经济经营主体与高校、科研院所交流合作，推动产学研紧密合作，深化产学研合作机制，建设产学研基地，研究培育适合广东发展的林下经济新品种，推广地方特色品种资源、科学种养技术、集约经营管理和产业化生产技术。

2. 继续加大政策和财政资金对林下经济发展的扶持力度

通过政府的大力扶持和政策支撑，引导社会资本和金融资本参与林下经济发展，特别是要在财政资金扶持上，针对林下种养、加工产业、科技推广等项目，提高经营者大力发展林下经济的积极性。建议省财政安排促进林下经济发展的扶持资金，通过政府补贴、事后奖补、贷款贴息等方式予以扶持。争取省财政出资成立“林下经济发展担保基金”，为林下经济发展企业、合作社、农户融资贷款提供担保，撬动社会资本和金融资金积极投入林下经济发展。加大林下经济项目的信贷支持力度，提高贷款额度，放大贷款规模，简化贷款手续，切实解决融资难问题。

3. 努力提高林下经济发展的产业化和专业化水平

加快发展林下经济，就要在发展项目选择上，以产业发展为动力，以市场需求为导向，推动林下经济产业化、规模化、专业化发展。总结推广“龙头企业+合作组织+基地+农户”的产业化运作模式，探索一二三产业融合发展路子，进一步延伸林下经济产业链，开展林地立体复合经营，努力提高林地产出率。推进林下经济与“互联网+”的有机结合，加快培育和建立龙头企业、合作社、家庭农（林）场、森林人家、专业大户等新型林业经营主体，引导他们积极发展连片林下经济示范区，提高林下经济发展抗风险能力和专业化水平。同时结合广东新一轮精准扶贫精准脱贫实际，加强顶层设计，建立广东林下经济发展项目库，实现林下经济可持续发展。

4. 强化政策扶持，凝聚林下经济发展合力

一是加强部门联动合作，明确分工，各负其责，通力合作，形成推动林下经济发展的合力；二是对现行政策进行梳理，提出促进林下经济发展的政策措施，特别对如何适度、合理利用广东省现有生态公益林发展林下经济的政策规定进行修改完善，为生态公益林发展林下经济在经营管理、配套设施、抵押融资等方面提出扶持政策和措施；三是将林下经

济发展纳入地方经济社会发展长期规划建设内容，尤其是在经济欠发达的山区林区，应对林下经济长远发展进行合理规划，将林下经济发展所需的基础设施纳入城市和乡村建设规划中，并在资金和政策方面给予一定的支持。

5. 发挥林下经济示范基地和林业龙头企业的示范带头作用

加大林下经济示范基地和林业龙头企业的扶持力度，积极推广“企业+基地+农户”的模式，在林下经济产品种养技术标准、经营管理模式、市场营销渠道和经营风险管控等方面引导群众参与，山区农民通过出资入股、合作经营等形式参与林下经济发展，实现在家门口就业和增收。探索建立广东省林下经济产业园，从林下经济品种选育、产品展示、科研示范、技术推广、人员培训、市场营销和一二三产业融合发展等方面，高起点、高标准、高水平建立广东省林下经济产业园，引领带动广东林下经济快速发展。通过农民合作组织的带动和林下经济技术技能培训，帮助农户解决在发展林下经济中的资金、技术和产品销售等实际问题。积极扶持建设一批发展前景好、辐射带动能力强、生态社会效益优的林下经济示范基地，重点建设粤东西北贫困地区林下经济示范基地，通过示范基地建设带动当地山区林业经济发展，提高林下经济发展的组织化程度和集约化水平，助力山区农民增收致富。

6. 注重抓好林下经济发展的区域布局和岭南特色

加强对适合广东发展林下经济新品种的研究培育，结合广东省各地区林地资源禀赋、森林分布格局和区域社会经济发展的差异，优化珠三角地区、粤北山区、粤东西两翼地区的林下经济发展区域布局，科学选择林下经济发展项目，突出各区域特点，实行差异化发展，避免出现“盲目性”和“一刀切”。建议珠三角地区重点发展以都市需求为依托的休闲养生、特色种植和特色家禽养殖，注重科研攻关和科技成果推广应用，提升珠三角都市型林下经济产业附加值；粤北山区重点发展规模化和专业化的林下种植和林下养殖、适度规模的林产品采集加工业，挖掘林下经济产业文化，打造具有岭南特色的林下生态休闲养生旅游区，促进产业融合发展；粤东西两翼地区重点发展林下珍稀种植和养殖，利用沿海的区位优势，结合传统中药养生休闲文化，形成具有沿海特色的林下经济发展地区。

五、云南林下经济产业发展状况

（一）云南林下经济产业发展概况

1. 产业规模快速增长

“十三五”期间，云南林草行业深入践行“绿水青山就是金山银山”的理念，努力探索生态产品价值实现路径，大力发展林下经济产业，产业规模实现快速增长，已成为云南省打造世界一流“绿色食品牌”“健康生活目的地牌”的重要组成部分。2020年，全省林产业产值2 722.6亿元，林草产业就业人数达到135万人，坚果种植面积4 656万亩，年生态旅游与森林康养达到7 400万人次。

2. 产业素质稳步提升

着力推进产业经营体系建设，大力培育新型经营主体；积极推进产业创新联盟建设，鼓励企业与科研院所深化产学研用合作，全面提升科技成果转化的辐射带动能力；积极培育区域公共品牌、企业品牌，努力提升产业价值链；推动产业园区建设，引导产业集群发展，产业素质得到稳步提升。2020年，全省林草产业专业技术人员1.5万人。林业生产企业3 569个，其中国家级林业龙头企业15个，省级林业龙头企业651户；家庭林场52个，农民专业合作社5 114个，专业大户1 811个；三产流通、服务、科研、平台2 178个，产业品牌277个，产品“三品一标”认定224个，国家森林生态标志产品认定3个。

3. 产业基础不断夯实

初步建立了较为完善的林草产业体系，为未来发展打下了坚实基础。2020年，核桃种植面积4 303万亩，年产量148万吨，年产值412亿元；澳洲坚果353万亩，年产量7.48万吨，年产值38.26亿元。云南已成为全国乃至全球坚果种植面积和产量最大的地区。生态旅游、森林康养等年收入突破200亿元，建成国家森林康养基地5个。林下经济年产值突破600亿元，打造国家林下经济示范基地51个。野生菌资源年蕴藏量100万吨左右，年采集利用约20万吨，产值超过160亿元。认定10个“绿色食品牌”坚果类省级产业基地。

4. 结构布局持续优化

产业结构布局持续优化。2020年，云南林草产业总产值2 770.8亿元，其中一产产值1 588.0亿元，二产产值767.7亿元，三产产值415.1亿元，一二三产业比例由“十二五”末的65：26：9调整为57：28：15，三产比重持续增长，二产比重稳步增加，产业结构进一步优化。林下经济产业得到了较大的发展，初步形成坚果、特色经济林、林下经济、生态旅游、森林康养、观赏苗木、木竹加工、林浆纸、林化工、草产业十大林草产业。全省有18个林产业园区，开展了“一县一业”2个示范县、7个特色县创建工作，重点产业加快向优势区集中，产业布局持续优化。

5. 扶贫成效不断凸显

“十三五”期间，全省林下经济产业扶贫“大格局”成效凸显，着力开展多种模式特色林下经济产业扶贫，推动“树上摘金、林下种金、坡上生金、风景变金”，涌现出云南核桃、临沧坚果、鲁甸花椒、怒江草果、昭通竹笋等一批助农增收明显的地方特色林产品。全省木本油料种植面积人均超过1亩。2020年，1 000多万产区群众人均1 200元的现金收入来自核桃。积极推广林业先进适用技术和科技成果在贫困地区落地转化，在全省贫困县共开展136个中央和省级林业科技推广项目，投入资金1.25亿元，建立推广示范基地5.07万亩，辐射带动面积45万亩，促进了贫困地区的生产和经营方式转变，为林下经济产业发展注入了新动力。

（二）云南林下经济产业发展形势与机遇

1.“两山”理论指明新方向

习近平总书记指出“绿水青山就是金山银山”，深刻揭示了经济发展与生态环境保护的辩证关系，为林下经济产业发展指明了新方向。那就是要牢固树立“绿水青山就是金山银山”的理念，坚持保护优先、绿色发展，要转变思路，开拓新路，探索发展新模式，深刻领会“良好的生态环境是最普惠的民生福祉”，牢牢把握人民群众对良好生态环境的向往，真正做到不以牺牲环境为代价来发展产业，要积极探索生态产品价值转换路径，把绿水青山转化为金山银山，实现林下经济产业高质量、绿色化发展。

2. 社会发展赋予新任务

我国社会主要矛盾已经转化为人民日益增长的美好生活需要和不平衡不充分的发展之间的矛盾。这就要求要加快林草产业高质量发展，持续深化供给侧结构性改革，不断提升产业价值链，积极发展新兴产业，丰富林下经济产品供给，为社会提供绿色化、高端化、多样化生态产品，以满足人民群众的多样化需求和日益增长的美好生活需要，同时为我国粮油安全、木材安全、人民健康提供基本保障。

3. 乡村振兴提出新要求

云南94%土地为山地，全省有林农近3 000万人，需要念好“山”字经，靠山吃山、靠山致富。林下经济产业的根在大山，身在广大乡村。林下经济产品是农村经济、农户收入的重要组成部分。要依托丰富的气候、土地、物种、自然景观等资源，因地制宜，在乡村大力发展特色林下经济产业，进一步夯实农民增收致富的产业基础，培育造血功能。要重点加大对特色经济林、林下经济、生态旅游、森林康养等生态产业的政策支持力度，积极培育新型经营主体，创新发展模式，建立一批对脱贫户增收带动作用明显、市场相对稳定、经济价值较高的林下经济基地，全力推进乡村生态产业振兴。

4. 国家重大战略实施带来新机遇

随着云南省与周边国家和省区互联互通基础设施条件逐步改善，今天的云南不再是边缘地区和开放“末梢”，而是我国连接南亚东南亚的重要大通道，是充满生机、活力迸发的开放前沿。林下经济要抓住难得的战略机遇，主动服务和融入国家发展战略，积极构建高原特色现代林下经济产业体系、生产体系和经营体系，推动林下经济产业一二三产业融合发展，增强林下经济产业创新力和竞争力。

5. 云南战略部署为林草产业发展注入新动力

云南省提出和实施全力打造世界一流“绿色三张牌”重大战略，林下经济产业占有显著份额和重要地位。云南林下经济产业要勇于担当、主动作为，围绕打造世界一流“绿色食品品牌”“健康生活目的地牌”，转变发展方式，调整优化产业结构，夯实产业基础，强化科技支撑和服务平台建设，提升对外开放水平，加快产业现代化步伐。

（三）云南林下经济产业存在的问题与挑战

1. 有效供给矛盾依然突出

云南林下经济产业还处于产业分工低端，发展方式相对粗放，供给体系质量不高，许多产业处于产业分工的中低端，林草产品多为初级产品，精深加工产品少，附加值低。多年来，林下经济产业虽发展迅速，但在产业规模、结构、质量、品牌等方面，与林草产业强省和发达地区还有较大差距，数量与质量之间的矛盾日益凸显。林草产品绿色高端的少，产品雷同无特色，同质化竞争压价伤农现象时有发生。一方面中低端产品结构性过剩严重；另一方面市场急需的上规模数量、上品质档次、上质量保证的产品缺乏，有效供给矛盾依然突出。

2. 产业结构亟待继续优化

2020年，林草一二三产业结构比例为57：28：15，产业结构仍然严重不合理，一产比重偏大，二三产比重小。多数企业以原料供给型、资源消耗型、初级加工型为主，产业链条短，精深加工不足，林产品大多属于初级产品。重点产业发展不平衡、不充分，云南资源特色没有得到充分发挥。产品结构不合理，还没有形成高低有序的产业价值链体系。产业结构亟待继续优化升级。

3. 生产要素制约问题日趋突出

土地、人才、资金、技术、信息、数据等要素制约问题日趋突出，严重制约林下经济产业持续发展。随着禁止耕地非农化、防止耕地非粮化相关政策出台，用于发展林下经济产业的土地将日益紧张，加工企业建设用地供给严重不足；产业缺乏高端经营管理人才、科技人才；财政资金投入不足，配套基础设施建设严重滞后；企业融资贵、融资难较为突出；高效采收技术、精深加工技术、丰产培育技术有效供给不足；产业数字化建设滞后，现代信息技术未得到充分利用。

4. 科技支撑依然薄弱

林下经济产业科技投入力度弱，科技成果储备不足，产业链与创新链结合不紧密，产业体系不完善。缺乏专业性的机构和人才队伍网络，科技支撑体系较为薄弱。林下经济科技成果转化为产业动能效率低下，产业技能培训滞后，科技支撑效应不明显。全省林下经济产业科技人才匮乏，专业技术人员不到从业人员的1.1%，从业人员大部分是由林农自发转入的，专业技术培训少。产业建设技术力量薄弱，现场技术指导、技术培训和新技术的推广应用不足，不能满足产业发展的需求，农民群众的科技素质普遍较低，从而导致基地建设科技含量低。

5. 产业支持政策亟待加强

在生态文明建设大背景下，部分干部群众对林下经济产业发展的认识不足、重视不够，政策支持力度弱。在财政投入、金融支持、税收优惠、土地保障、林业保险、政府采购等方面，缺乏持续扶持政策，财政资金支持微乎其微，政策支持短板亟待加强。林下经济产业是集生态、社会、经济效益为一体的复合型产业，在巩固拓展脱贫攻坚成果、助推乡村振兴中具有重要作用，各级政府应高度重视林下经济产业发展，强化政策支持。

（四）云南林下经济产业发展对策

1. 加大林下经济产业基地建设

（1）种植养殖基地建设。林下种植主要发展林下中药材、林菌和林菜，在保护生态环境的前提下，科学规范发展林下种植，有效控制种植强度，加强林地监管和生态监测，重点在人工商品林发展林下种植基地。林下养殖主要开展林禽、林畜和林蜂养殖，合理控制养殖密度，建设林下养殖基地。林下产品采集主要发展野生菌，科学制定野生菌保育促繁技术规程及配套政策，建设野生菌保育促繁基地，提升野生菌产量和品质。开展新品种、新技术、新模式推广应用和引导发展，建设林下经济示范基地。

（2）森林康养基地建设。依托云南优质森林生态环境、景观资源、食品药材和文化资源禀赋，以促进大众健康为目的，建设和完善森林康养场所、康养步道、导引系统等森林康养服务设施，建成一批具备康养服务功能的森林康养基地，开展保健养生、康复疗养、健康养老、休闲游憩等森林康养服务。

2. 加大林下经济产业主体培育

（1）培育具有较强竞争力的龙头企业。以国家级和省级重点林草产业龙头企业为基础，培育一批年销售收入超亿元的企业。支持民营企业专注细分市场，加快培育一批创新能力强、市场占有率高、掌握关键核心技术、质量效益优良的“单项冠军”和专精特新“小巨人”企业。发挥国有企业引导作用，瞄准产业基础薄弱领域，推动国有企业加强与央企、民企在产业链、供应链、创新链上的深度融合，加快形成大企业“顶天立地”、中小企业“铺天盖地”、创新型科技型企业快速涌现的发展格局，真正让企业登前台、唱主角、挑大梁。

（2）规范发展农民专业合作社。鼓励和支持组建农民专业合作社，规范其发展，加强建设指导，健全规章制度、完善运行机制、加强民主管理、强化财务制度、优化利益分配，保障社员合法权益。支持农户依法以资金、林木、林地、产品、劳力等形式出资或折资折股入社形成利益共同体，鼓励发展股份合作社，推广“保底收益+按股分红”“利益双绑”等模式，保障农民合法权益。

（3）积极扶持林草种植大户。鼓励农户按照依法自愿有偿原则，通过流转集体林地经营权，扩大经营规模，增强带动能力，发展成为规模适度的林草种植大户。支持返乡农民工、退役军人、林草科技人员、高校毕业生、大学生村官、个体工商户等到农村，围绕优势产业和特色品种从事林草创业和开发，把小农生产引入林下经济产业现代化发展轨道。

（4）大力发展家庭林场。鼓励以家庭成员为主要劳动力、以经营林下经济产业为主要收入来源、具有相对稳定的林地经营面积和林业经营特长的经营主体发展成为家庭林场。引导家庭林场开展与自身劳动力数量、经营管理能力、技术装备水平、投融资能力相匹配的适度规模经营，支持家庭林场以个体工商户、合伙企业和有限公司等类型办理工商注册登记，取得相应市场主体资格。

3. 推进林下经济产业加工升级

（1）林下产品初加工升级。以核桃、澳洲坚果、花椒、笋用竹、野生菌、林下中药材等为重点，着力提升林草产品初级加工能力。积极引导农民专业合作社、家庭林场、种植大户等发展产地初加工。积极推进采收、清选、干燥等初加工全程机械化设备应用，支持农户和专业合作社进一步提高产品储藏、保鲜、干燥、分级、包装能力和水平。提高林下产品的冷藏、物流运输和加工能力。以初加工机械一体化试点示范建设为载体，提高加工机械化科技示范水平和科技推广辐射力度。

（2）林下产品精深加工升级。大力发展品类多样、绿色生态、特色鲜明、高原地域文化浓郁的核桃休闲食品加工；稳步发展核桃油、蛋白粉（肽、饮料）、副产物综合利用加工；以澳洲坚果果仁产品为重点，深挖精深加工技术、产品开发；突破花椒、油橄榄等特色经济林产品的精深加工技术和营养成分提取技术，积极开发竹笋、板栗等绿色高端森林食品，开发蒜头果、滇皂荚等生物药用价值。支持加工企业加快技术改造、装备升级和模式创新，不断提升企业加工生产能力，生产安全优质、营养健康、绿色生态的各类食品及加工品，提高林草产品精深加工水平，增加附加值。

4. 推进林下经济产业融合发展

（1）发展多类型林下经济产业融合模式。以林下经济产业全产业链建设为平台，在现行财政政策框架内，采取项目补助、贷款贴息、建立基金等多种方式，大力支持推广林下经济产业全产业链建设和发展所需的关键技术、共性技术和设施装备，把信息、技术、管理等现代先进产业要素与林草传统产业要素共同融合到整个产业链条中，加快现代工业技术、文化创意、科技服务业、信息化等领域成熟技术在林草产业领域的应用和转化，逐步形成林草产业一二三产业融合发展的有效机制。从种植基地建设，到林下产品加工，再到仓储智能管理、市场营销体系打造，最后到林业休闲、生态旅游、森林康养、品牌建设、行业集聚等，形成一条龙“全产业链”。依托各类基地建设，促进经济林建设与林下经济融合，种植业与产地加工、文化旅游业融合，与康养结合，建设特色林业精品园。

（2）培育多元化的林草产业融合主体。大力扶持林下经济产业新型经营主体，培育林草三产融合发展新动能。强化专业合作社和家庭林场的基础作用，支持龙头企业发挥引领示范作用，积极发展行业协会和产业联盟，鼓励社会资本投入，提高农户对等协商能力，加快培育农村新型经营主体，探索建立新型合作社的管理体系，拓展农民合作领域和服务内容。积极引导职业农民、返乡青年、大学生等牵头组建或成立各类涉林草经济组织，从事林下经济三产融合发展。

（3）创新产业链和农户利益联结机制。发展股份合作、订单生产，鼓励建立合作社绑定农户（家庭林场）、龙头企业绑定合作社的“双绑”利益联结机制，实现农户（家庭林场）、专业合作社与龙头企业的利益捆绑，让农户尽可能多地分享林下经济产业发展收益，促进一二三产业深度融合。

5. 推进林下经济产业品牌打造

（1）着力构建林下经济品牌发展与保护长效机制，以质量提升推动品牌建设，以林下经济品牌建设助推林草产业高质量发展。开展林下经济产品品牌创建专项行动。引导生产经营主体根据自身经营状况、管理能力、技术含量和产品竞争力，制定林下经济产品品牌创建方案，创建企业品牌和产品品牌。鼓励和支持市、县两级创建林下经济产品区域或公共品牌。

（2）支持引导林下经济龙头企业、专业合作社等各类林下经济生产经营主体开展商标注册，积极争创名品名牌，打造一批代表行业发展水平、具有显著影响力的名企、名品、名牌。加快推进森林生态标志产品产地认定与产品认定一体化步伐。积极开展非木质林产品（食用林产品）认定，打造一批林下经济产业特色品牌。

（3）强化公共品牌、企业品牌和地理标识产品的规范管理。充分利用学术论坛、技术培训、展览会、博览会、展销会、推介会、发布会等公共平台推介林下经济区域公共品牌和企业自主品牌，开展区域性、行业性品牌宣传展示活动，扩大企业自主品牌社会影响力。

6. 加大林下经济产业科技支撑

（1）种质资源保护。加强种质资源保护，在全省开展种质资源调查、评估和认定工作，收集主要特色经济林树种、林下种植和养殖品种资源，建设具有地方特色的林草种质资源保存库，建立健全种质资源收集保存评价利用体系。

（2）良种培育。加快良种培育，根据市场需求和产业发展需要，积极选育林下经济产业良种和新品种，培育推广一批高产、抗逆、稳定的良种。加大良种繁育和推广力度，提高良种使用率。建设繁育基地和苗木生产基地，提高林下经济产业良种使用率。建立种苗质量追溯体系、质量认证标准，把好种苗质量关，严防劣质种苗流入市场。

（3）产品研发。支持和鼓励企业加大林下经济产业新产品研发投入，以新产品研发为突破口，促进林下经济产业向产品精深加工方向发展。深化供给侧结构性改革，支持和鼓励企业不断改进生产工艺和技术、丰富产品功能、提升产品质量、改进外观包装、提高产品档次，满足消费者需求，增强市场竞争力，使林下经济产业从中低端向中高端迈进、从初加工向精深加工转变。

（4）标准制定和引领示范。构建较为完善的标准体系。引导经营主体积极参与资源培育、产品采收、加工仓储、物流配送等环节的标准制定，逐步建立起国家标准、行业标准、地方标准和企业标准协调配套、层次分明、科学合理的产业标准体系。推进碳汇项目方法学开发。建设标准化生产示范基地，发挥示范带动作用，推动标准化生产进程，实现林下经济产业全程机械化、标准化生产和管理，提升产业发展的质量和效益。

（5）科技成果转化。建立健全林下经济科技成果储备库，储备一批实用科技成果。积极探索科技成果产业化路径，推动林下经济产业科技成果转化应用。以龙头企业为主体，带动专业合作社和其他经营主体，建设一批科技成果产业化示范基地。建立健全林下经济科技成果推广转化体系，配齐州（市）、县（区）两级科技推广机构，提高各级推广机构专业技术人员的比例，增强科技推广服务能力，构建以公益性科技推广机构为主导、经营性科技推广机构为补充的多元化科技推广体系。

（6）人才培养。加强林下经济产业人才队伍建设，努力培养一批国内一流的林下经济科技、管理和营销领军人才，组建一批有战略眼光、有市场驾驭能力、懂管理的林下经济企业家队伍，实现全产业链人才齐备良性梯级循环。引进、培养能够推动云南省林下经济产业创新发展、转型升级的高水平科学家和科技领军人才，帮助科研人员转化研究成果。加大科技对口帮扶力度，建立健全专家与重点县对口帮扶机制，邀请相关专家经常深入基层进行现场指导，解决生产实际问题。

7. 加大林下经济产业质量安全

（1）产品质量检测体系建设。加强林下经济产品质量安全监管，为当地林下经济产品经营主体提供产品质量安全技术服务。以省级质检中心为龙头，地（市）级综合质检中心为骨干，县（区）级综合质检站为基础，各级质检机构功能各有侧重、相互衔接，形成布局合理、职能明确、功能齐全、运行高效的林草产品质量检测体系，满足林下经济产品全过程质量安全监管和现代林草产业发展需要。

（2）产品质量追溯体系建设。加强与有关部门的协调配合，健全完善追溯管理与市场准入的衔接机制，以责任主体和流向管理为核心，以扫码入市或索取追溯凭证为市场准入条件，构建林下经济产品从产地到市场到餐桌的全程可追溯体系，保障公众消费安全，提高消费者信赖度。建立政府监管、行业自律、企业追溯、消费者查询的产品质量安全可追溯系统，保障消费者合法权益。

（3）食品安全和品牌保护。将品牌保护纳入各级政府、行业主管部门、企业组织重要议事日程，制定品牌保护的政策措施和管理制度，加强品牌林下经济产品商标、标识、域名的监督管理和依法保护工作，保证品牌林下经济产品的质量和信誉。在林下经济产品主产区和主销区，推动建立跨部门跨区域品牌保护合作机制，建立一批集快速审查、确权、维权于一体的快速维权中心。

8. 加快林下经济产业数字化建设

（1）产业资源数字化。依托云南省林业双中心，构建基于大数据、云计算和地理信息技术的云南林下经济产业大数据管理平台，实现全省林下经济产业数据的集中存储、统计分析、挖掘应用和二三维可视化展示，为全省林下经济产业的长远发展奠定坚实基础。开展林下经济产业资源数字化建设，由云南省林业和草原局统一组织，完成林下中药材等主要品种专项调查，并融合到全省林下经济产业资源“一张图”数据库中。

（2）基地建设数字化。加快基地数字化建设，围绕林下中药材等重点林下经济产业，建设物联网应用示范基地，推广产品生产过程可追溯的新型物联网应用。利用视频监控联网应用和集群调度等技术，强化林业灾害预警及林业应急指挥调度，实现基地建设实时监控、精准管理、远程控制和智能决策。

（3）产品加工数字化。推进生产加工流程数字化升级，并向数字集成化、高度自动化和数字林业定制化方向发展。集中发展一批物联网技术应用和大数据信息服务示范项目。引进先进设备、先进生产线、自动化装备、自动化监测设备等，全面提升产品加工数字化水平。

（4）产品交易数字化。依托现有资源，构建农户、企业、线上平台一体化的生产销售网络，实现产品生产流通和电子商务无缝对接，推进电子商务技术应用，加快产品线上推广和线下融合。推广线上平台带货销售模式，在抖音、微视、哔哩哔哩等短视频平台推广销售特色林下产品。加快移动互联网、物联网、二维码、无线射频识别等信息技术应用，鼓励产品销地市场和产地市场完善信息管理系统，推动智慧型批发市场建设。

（5）森林景观利用数字化。建设生态旅游、森林康养数字化服务平台，积极推进智慧生态旅游建设，对区域生态旅游资源深度开发，实现生态旅游管理与服务、生态旅游体验、生态旅游营销等的智能化。汇聚整理全省森林康养基地、体验基地、养生基地等森林康养资源，开发生态康养在线服务系统，集成和发布森林康养服务、产品、人才交流等信息，统计森林康养服务人次、产值等数据。

六、海南林下经济产业发展状况

（一）海南林下经济发展概况

1. 海南林下经济资源状况

海南省地处热带北缘，有独特的热带山地雨林和季雨林生态系统，又有着得天独厚的地理区位优势和丰富的动植物资源。根据第九次全国森林资源清查，海南省森林资源清查结果显示，全省林地面积217.50万公顷，森林面积194.49万公顷，森林蓄积1.53×10^{8}米^{3}，森林覆盖率62.1%。经济树种以橡胶、槟榔、椰子、杧果等为主，占全省人工林面积近70%；混交林以天然林为主，占全省森林面积不足30%。其中橡胶树、槟榔、椰子等具有足够的林下（林间）空间，面积约66.67万公顷。海南有野生植物4 600多种，针（阔）叶树种1 400种、乔木800多种、用材树种458种、特有珍贵名贵树种45种、药用植物2 500多种，占全国乔灌木植物种类的28.6%。

根据调查，海南林下经济产品种类繁多，例如益智、砂仁、巴戟天、灵芝、车前子、杜仲、铁皮石斛、草珊瑚等药材，玫瑰茄、枸杞菜、人参菜等蔬菜，竹荪、木耳、茶树菇等菌类，沉香、花梨、坡垒等特种林木，三角梅、红掌、发财树、热带兰等花卉苗木。

2. 海南林下经济产业发展现状

海南累计建有国家级和省级林下经济示范基地119个（其中国家级11个，省级108个）。全省林下经济累计从业人数达61.45万人，面积270.88万亩，总产值160.35亿元。林农人均林下经济年收入2.5万元。全省森林公园、生态文化宣教基地、美丽乡村等各类森林旅游休闲康养设施共接待国内外森林旅游人数达2 500万人次，实现总收入达30亿元。

2022年4月召开的海南省第八次党代会将橡胶、槟榔、椰子、沉香、油茶、花梨列为海南省重点发展的“六棵树”，提出要进一步做好“六棵树”文章，使之成为海南百姓的“摇钱树”。

大力发展椰子、槟榔、杧果、红毛丹、波罗蜜等特色热带经果林，组织编制《海南省椰子产业高质量发展“十四五”规划》，有效提高了经济林产业在农村经济中的比重，不断强化集约经营和规模化生产，持续保持良好的产业发展势头，确保增产增收，实现经济林产值超过200亿元。

稳步推进乡土珍稀树种种植，组织编制《海南省沉香全产业链创新发展规划（2023—2030年）》《海南省花梨产业发展规划（2021—2035年）》，科学发展沉香、花梨产业。截至2020年底，全省花梨、沉香等乡土珍稀树种种植面积达25.1万亩。

推进油茶产业良种化进程，组织编制《海南省油茶产业发展规划（2017—2025年）》。截至2020年底，全省油茶种植面积达13万亩，茶油年产值突破1亿元。

3. 海南省林下经济产业发展模式

根据经营方式和对象的不同，海南省林下经济产业模式较多，主要有林药、林菌、林菜、林花、林苗等林下种植模式，林禽、林畜、林蜂、林渔等林下养殖模式，森林康养、森林生态游等森林景观利用模式。

（1）林花模式。海南省的观赏植物资源种类繁多，可开发潜力大。利用林下的空间，采取公司带动农户的模式，种植适合林下发展的散尾葵、巴西铁、朱蕉、鸟巢蕨等切叶（枝）花卉和发财树、龙血树、绿萝等观叶花卉。如金棕榈公司在三亚雨树和洋花风铃木林下种植红花文殊兰、蜘蛛兰；海南荣丰花卉有限公司在海口凤凰木、火焰木林下种植鸭脚木、龙船花；海南大湖桥园林股份有限公司在海口利用盆栽的模式种植三角梅等开花彩叶植物。

（2）林药模式。海南省南药资源丰富，对橡胶等林下种植的药材可实行半野生栽培，提升药材品质，如种植益智、砂仁、巴戟天、何首乌、美藤果、五指毛桃、牛大力、草珊瑚、麦冬、金线莲、忧遁草等。

（3）林菜模式。在不易积水，郁闭度较低、株行距较大的林下，种植人参菜、枸杞菜、刺芫荽、刺芹等野生蔬菜及常见的各类蔬菜或淮山、木薯、竹荪等经济作物。

（4）林菌模式。海南特有的热带气候，使林下湿度大、光照强度低，昼夜温差小，为林下食用菌的栽培提供了较好的环境。在速生林下间作种植灵芝、虎奶菇、草菇、平菇、木耳等食用菌，可有效解决大面积闲置林下土地。定安县次滩村通过农村合作社的方式，大力发展林菌（虎奶菇）模式的林下经济，经济效益可观。

（5）林苗模式。利用林下空间发展苗木产业，大多数苗木在小苗期间比较喜阴，林农为了提高珍贵树种幼苗成活率，在幼苗移植的过程中，选择郁闭度合适的林下培育沉香、花梨、坡垒、青皮、母生等。

（6）林禽（畜）模式。林下开展养殖业可以与林木生长相互促进，形成依赖关系。高温时林下温度要比无林地上温度低，为鸡鸭等其他家禽畜营造了一个适宜生长的环境。利用林下空间阴凉、多草虫的特点，发展林下养鸡、养鸭、养鹅、养羊、养猪等产业，有利于给林地除虫、松土、施肥，且提高土壤肥力，促进林木生长。

（7）林蜂模式。森林与蜜蜂自古就结下了不解之缘，蜜蜂偏爱森林的生活习性，家养的蜜蜂自然分群飞逃后，多数飞到林中、树上等，寻觅树洞安家。海南卓津蜂业有限公司致力于林下蜜蜂养殖生产、蜂产品加工和营销，入选国家林业和草原局全国发展林下养蜂典型案例。

（8）林游模式。根据森林负氧离子较多的特色，结合不同林下经营模式，通过开展农家乐、共享农庄等形式发展林下休闲旅游业。如海南保亭的海南呀诺达雨林文化旅游区，是集雨林观光、趣野探索、休闲娱乐、民俗风情、文化交流于一体的多元复合型5A级旅游景区。海南万宁的兴隆热带植物园、海南文昌的椰子大观园，是集林下资源保存、科学研究、产品开发、科普旅游为一体的4A级旅游景区。

（二）海南林下经济产业发展存在问题

目前，海南林下经济存在诸如总体规模小、专业化水平不高等情况，简要概括主要包含以下几个问题。

1. 海南适宜发展林下经济调查规划欠缺

海南省具有较大规模的经济林种植区域，如全省橡胶林、桉树林、槟榔林和椰林这4种经济林木的生产面积就超过66.67万公顷。但对经济林地林下经济产业尚未制定专项发展规划指导，其林下气候环境、土壤环境、林分生长对林下环境的影响等缺乏详细的调查研究。重要资源本底数据更新周期长，未能及时掌握资源变化动态，难以适应新时期林业建设需求。

2. 林下经济产业缺乏有效政策引导

与中国其他省份相比，海南林下经济相关政策的制定相对滞后，尤其是在林下经济经营风险防控、市场开拓方面还缺乏有关政策性扶持，致使对林下经济的发展引导不足。林下种植、养殖业的相对投入成本大，林农持有缺乏相关技术支持、市场风险大的想法，相对稳定的种植业不会选择发展林下经济。林农选择从事行业会以经济效益作为第一衡量标准，面对不熟悉的行业和新兴事物，一般选择观望，不愿意贸然承担风险。因此，林下经济如果迅速发展和扩展，亟须相关产业龙头带动，或通过专业的行业协会，以点带面，起到有效的辐射带动作用。

3. 优质生态产品供需存在一定差距

全省森林资源与人民群众对森林的优质生态产品供给和生态公共服务能力的期盼相比还有很大差距。生产生活密集区生态承载力不足，人们对身边美化绿化、森林游憩、森林康养的需求越来越迫切。生态体验基础设施缺乏，生态资源还未有效转化为优质的生态产品和公共服务，生态服务功能价值未充分体现和量化。森林绿色食品、木本油料、林药等非木质林产品供需矛盾突出，林业巨大的生产潜力没有充分释放。

4. 林下经济间作技术不成熟

林下经济不同经营模式关系到不同物种间生存方式，具有较高的复杂性，这也决定了林下经济套作方法研究具有一定的困难性。海南省目前林下经济产业多为单一模式，开展立体化经营模式的研究不够，缺乏系统性，比如不同类型经济药材类、菌类等的筛选、经济林木生长与林下珍贵树种幼苗生长的关系、水肥协作、品种选择、病虫害治理等，均未形成高效的整套的林间套作方法，使其难以推广应用。

（三）海南林下经济产业发展形势

当前，海南省林业经济发展进入了结构调整的阵痛期、蓄势待发的触底期、大有可为的机遇期。

1. 海南自由贸易港建设为林下经济发展带来重大历史机遇

党中央支持海南建设自由贸易试验区和自由贸易港，推进国家生态文明试验区建设，牢固树立和全面践行“绿水青山就是金山银山”的发展理念，在生态文明体制改革上先行一步，为全国生态文明建设作出表率，海南省要走出一条人与自然和谐发展的路子，为全国生态文明建设探索经验。发展林下经济是全面建成小康社会的重要内容，是生态文明建设的重要举措。森林关系国家生态安全，要精心呵护好大自然赐予海南的宝贵财富，使海南真正成为中华民族的四季花园，为海南建设自由贸易港提供坚实的生态基础。海南新时期林下经济建设正处于重大历史机遇期。

2. 生态环境持续改善的要求对林下经济发展提出新挑战

十九届五中全会提出“生态环境持续改善，生态安全屏障更加牢固”的“十四五”建设目标，这势必对森林资源保护管理提出更高的要求。近年来，省委省政府高度重视林下经济发展，将发展林下经济作为生态文明建设的重要内容。以海南热带雨林国家公园建设为主体，全面推进林业高质量发展，执行最严格的生态保护措施，实施重大生态保护和修复工程，充分实现森林的多功能多效益，营造健康、舒适的自然环境。但随着海南自由贸易港建设加速推进，经济建设力度不断加大，发展和保护问题仍然突出，环境承载力持续加大，生态环境保护压力增大，如何处理保护与发展的矛盾，推进生态文明试验区和自由贸易港建设，是新时期林下经济面临的一大挑战。

3. “两山”理念转化赋予林下经济发展新任务

党的十九大提出要深化供给侧结构性改革，把提高供给体系质量作为主攻方向，扩大优质、增量供给，实现供需动态平衡。当前，全省林下经济建设即将进入从数量增加向质量提升的转型升级关键时期，省委省政府高度重视林业资源的综合利用和价值体现，把资源优势转化为产业和经济优势，赋予了林下经济发展新的更加艰巨的任务。探索绿水青山向金山银山的转化途径，建立生态产品价值实现机制。在保护的前提下，把握“尺度”，合理利用，在适当区域开展生态教育、自然体验、生态旅游、休闲康养等活动，构建高品质、多样化的生态产品体系，不断完善公共服务设施，提升公共服务功能，提供更多优质的生态产品，以满足人民日益增长的优美生态环境需要。

4. 乡村振兴战略的实施为林下经济发展开辟新空间

党的十九大以来，党中央、国务院采取一系列重大举措，加快推进乡村振兴，全面部署了乡村振兴各项工作。习近平总书记在全国实施乡村振兴战略工作推进会上强调，要坚持乡村全面振兴，抓重点、补短板、强弱项，实现乡村产业振兴、人才振兴、文化振兴、生态振兴、组织振兴，推动农业全面升级、农村全面进步、农民全面发展。根据国家有关工作部署，海南省出台《海南省乡村振兴战略规划（2018—2022年）》，为海南乡村振兴明确了工作路径。其中部分乡村振兴产业涉及林下经济产业发展范畴，如种质资源培育、天然橡胶、热带水果、林下经济、乡村旅游等，积极助推乡村产业振兴，可为林下经济加速转型发展开辟新空间。

（四）海南林下经济产业发展对策

提高站位、统一思想，坚定信心、正视问题，认真分析林下经济发展形势，按照“选准选好产业、推进产业融合、夯实发展基础、打造产业品牌”的发展思路，加快推进林下经济高质量发展。

1. 加强资源调查，做好产业规划

发展林下经济的目的是利用林下（林间）空间发展经济，是发展林业经济产业的一个补充。因此，有必要大力开展经济林地调查，对海南省橡胶林、桉树林、槟榔林等主要经济林地林下气候环境、土壤环境、林分生长对林下环境的影响等进行系统的调查研究，广泛收集数据，为林下经济发展规划提供依据。充分考虑不同区域的资源基础、立地条件、气候特点、产业特色，充分考虑水电、土壤、交通等条件，科学制订符合省情的林业经济发展规划，发布海南省林下经济高质量发展方案，列出清晰的“路线图”和“时间表”，因地制宜设计林下经济模式，全面系统推进相关产业发展。

2. 强化统筹协调，突出产业特色

要强化统筹协调，压实各方责任，建立协同机制，突出海南特色，科学引导，分类施策，以科技创新增强核心竞争力，重点做好“六棵树”文章，积极发展橡胶、槟榔、椰子、沉香、油茶、花梨林下产业，推动林下经济产业高质量发展，为人民群众提供更好的热带林业经济产品。各级政府要明确发展方向，突出“土”“特”“产”，重点围绕橡胶、槟榔、椰子、沉香、油茶、花梨这“六棵树”，积极稳妥发展好林下种植、林下养殖，积极培育优良新品种和种苗，打造典型和特色的模式的示范基地，提升林下种养产品加工能力，打造海南特色的林下经济产品和品牌，实现“林下生财”。要推动一二三产业融合，大力发展林下产品加工和林下科普旅游，提高林业附加值。要点碳成金，做好“六棵树”保值、增值、变现大文章。

3. 加大技术研究，促进成果转化

技术是林下经济发展的重要制约因素，缺乏技术也是农民抗风险能力弱的重要原因。政府要加大林下产业研发的基础性建设投入，加强与高校、科研机构和企业合作，鼓励科研机构与企业联合攻关，重点开展良种选育、快繁技术、仿野生栽培、健康养殖、节水保土、病虫害绿色防治、机械化应用、产品精深加工、储藏保鲜等先进实用技术的科研攻关，提升林下产品的特色和传统优势，以科技链延长产业链，提高林下产品附加值和收益。完善技术服务和技术推广体系，建立热带林下经济科技推广转化平台，建立新品种、新技术、新产品的知识产权数据库，扶持相关企业做好技术推广服务工作，推进科技成果的转化，大力推广和扶持市场前景好、产业化程度高的项目。

4. 制定扶持政策，壮大中坚力量

各级政府根据地方特色，制定发展林业经济的相关政策，形成政府引导，农民、企业、合作社为主体的多元化发展机制。政府制定相应的土地政策、金融支持政策、财政补助政策、税收优惠政策等，扶持林下经济发展，加大经济、人力投入和政策扶持力度，尤其是在支持林下经济示范基地与综合生产能力建设方面。通过产业化经营的优惠政策，重点培育一批规模大、实力强、能够带动产业发展的新型市场主体，扶持一批有一定规模和实力的林下种养一体化农场、大户和加工、流通企业，形成“公司+科研单位+农户”“公司+合作社+农户”“农场+农户”等多样的经营模式，为林下种养业发展提供典型模式与中坚力量，带动整个区域的林下经济发展。组建林下经济种养产业联盟，由政府主导，建立由龙头企业、科研院校、农业合作社、种植大户多元参与，分工协作的林下经济产业的产销联盟，整合产品资源及市场资源，集中资源、集群加工、集约营销，实现规模化和标准化。

5. 加大宣传力度，抓好典型示范

通过建立信息平台、销售平台等，利用网络、电视等多媒体的形式，大力宣传林下经济产业发展的重要意义，积极营造发展林下经济产业的良好氛围；利用平台收集国内外新技术和产品市场需求等信息，及时向农户和企业发布，确保相关信息的及时性、有效性，降低市场不确定性；通过参观学习、典型示范等方式，带动农民发展林下经济产业，增强森林资源管护经营的主动性和自觉性。加大对重点品牌的营销推广支持力度，抓好林下典型示范建设，发布“六棵树”典型经营模式，总结推广示范户实践经验，使示范典型在经营项目规模、产品科技含量和附加值上有新进展、新突破，推动林下经济产业的快速发展。

第四章

海南省“六棵树”产业分析

一、海南橡胶产业发展分析

（一）橡胶树概况

橡胶树［*Hevea brasiliensis*（Willd. ex A. Juss.）Muell. Arg.］是大戟科橡胶树属植物，原产于亚马孙森林。中国专用国家植胶区主要分布于海南、广东、广西、福建、云南等地区，台湾也可种植，而海南为主要植胶区（图4-1）。

图4-1　橡胶树

橡胶树为落叶乔木，高可达30米，有丰富乳汁。指状复叶具小叶3片，叶柄长可达15厘米。花序腋生，圆锥状，长可达16厘米，被灰白色短柔毛；蒴果椭圆状，直径5～6厘米；种子椭圆状，淡灰褐色，有斑纹。花期5—6月。

橡胶树喜高温、高湿、静风和肥沃土壤，要求年平均温度26～27℃，在20～30℃范围内都能正常生长和产胶，不耐寒，在温度5℃以下即受冻害。要求年平均降水量1 150～2 500毫米，但不宜在低湿的地方栽植。适于土层深厚、肥沃而湿润、排水良好的酸性砂壤土生长。浅根性，枝条较脆弱，对风的适应能力较差，易受风寒并降低产胶量。实生树的经济寿命为35～40年，芽接树为15～20年，生长寿命约60年。

制作橡胶的主要原料是天然橡胶，天然橡胶就是由橡胶树割胶时流出的胶乳经凝固及干燥而制得的。天然橡胶因其具有弹性强、绝缘性好、可塑性强、隔水强、隔气性强、抗拉和耐磨等特点，被广泛运用于工业、国防、交通、医药卫生领域和日常生活等方面，用途极广。种子榨油为制造油漆和肥皂的原料。橡胶果壳可制优质纤维、活性炭、糠醛等。橡胶树的木材质轻、花纹美观、加工性能好，经化学处理后可制作高级家具、纤维板、胶合板、纸浆等。

橡胶林是可持续发展的热带森林生态系统，是无污染可再生的自然资源。20世纪80年代，海南天然橡胶基地被联合国人与生物圈委员会赞誉为建设以橡胶人工林生态取代低质低效的热带灌丛草地生态的最佳系统，以橡胶树为主的林木覆盖，造就绿化环境、涵养水源、保持水土、可持续发展的良好环境，不仅大大提高了森林覆盖率，还对改善环境条件、维护热区生态平衡发挥了重要作用。

（二）海南橡胶产业发展现状

1. 天然橡胶种植

2022年，全球橡胶种植面积约2.3亿亩，我国1 680万亩，占全球比重7.3%，是世界第四大植胶国。海南780万亩，在国内占比45.9%，其中民营胶园占全省的比重为58%。全球天然橡胶产量1 434万吨，我国86.5万吨，占全球比重6.0%，是世界第五大产胶国。海南31.5万吨，在国内占比36.4%，其中民营胶园占全省的比重为54%。

海南是国内两大橡胶生产基地之一，对我国天然橡胶稳产保供具有重要意义。海南天然橡胶从业人员近80万人，涉及总人口230万人，其中割胶工人41万人，平均每个割胶工产值仅约1万元，劳动生产效率较低。全国种植面积50万亩以上的市县共9个，其中6个位于海南。海南试点实施了天然橡胶价格（收入）政策，较好地稳定了胶农收入、胶企增效。海胶集团是全球种植基地最大的天然橡胶企业，具有明显优势。

2. 天然橡胶加工

2022年，橡胶制品行业规模以上企业4 037家，其中轮胎制造企业370家，橡胶板管带制造企业737家，橡胶零件制造企业878家，再生橡胶制造企业125家，日用及医用橡胶制品制造企业346家，运动场地用塑胶制造企业72家，橡胶鞋制造企业508家，其他橡胶制品企业1 001家。全国橡胶制品行业实现营业收入7 509亿元，其中轮胎行业占比45.9%，行业利润约350亿元；轮胎制造和橡胶鞋制造利润回升明显，日用及医用橡胶制品利润同比下滑接近90%。

海南海胶集团原料集中加工，全省以鲜胶乳为田间原料，农户销售新鲜胶乳比例在95%以上，在加工厂进行混合，减少了不同种植主体工艺差异造成的质量缺陷。海南70%以上橡胶原料加工成浓缩乳胶，浓缩胶乳价格折干胶价格比10号标胶、子午轮胎胶高1 500元/吨左右，有明显的溢价。海胶集团及其旗下合盛农业等在海南的初加工厂产能大多超过3万吨。精深加工是海南天然橡胶产业发展的明显短板，仅是初级产品的提供者，尚未形成全产业链内价值循环。

3. 天然橡胶消费和贸易

天然橡胶主要用于轮胎制品、乳胶制品、胶管带、橡胶零部件、胶鞋、胶带等。天然橡胶消费量中用于各类轮胎制造的比例约为75%，乳胶制品为11%，橡胶板管带为6%，橡胶零部件为3%，胶鞋类为3%。2017年以来，进口量总体保持在500万吨以上，2022年达579.8万吨，占全球出口贸易量的46.8%，是国内供给的最重要来源，泰国、越南、马来西亚是主要进口来源国，进口量占比分别为43.9%、24.7%、11.3%。从缅甸、老挝、科特迪瓦的进口量逐年增加，2022年合计占比达15.8%。

2023年，海南省含天然橡胶、橡胶木、橡胶制品等在内的全产业链总产值测算数为54.3亿元，其中农业产值占比78.2%，大部分产品以原料形式销往山东等地。海南省内企业有从事天然橡胶国际贸易的优势，海南农垦控股集团并购了印度尼西亚KM公司、新加坡R1公司，并购了中化国际持有的合盛农业，成为全球最大的天然橡胶企业，本地还有海南华加达等天然橡胶贸易企业，这部分贸易可逐渐经由海南集散或再加工。海南天然橡胶原料市场信息化程度较高，白沙县建立了橡胶销售平台、海胶集团开发了智慧收购平台，这些数据平台与银行、保险系统打通，数据实时共享，有效提高了交易效率。

4. 天然橡胶科技发展

一是促进稳产保供。我国天然橡胶自给率连续多年低于15%，国内生产须更好地发挥“压舱石”作用。中国热带农业科学院持续做好橡胶树种业创新工作，在国际上率先建立了橡胶树基因编辑体系，实现组培苗工厂化生产。研发了低频割胶技术和电动化自动化割胶装备，大幅度提高劳动生产效率，着力解决“谁来割胶”的问题。研制了高频减振胶、航空轮胎胶和高承载耐磨胶等三类特种胶，改造和优化加工生产线，固化航空轮胎专用胶工程化生产技术路线。采用中国热带农业科学院自主研发的航空轮胎专用天然橡胶试制的C919、ARJ21等机型的24款飞机轮胎通过了动态性能试验验证，其中1个型号、2个规格轮胎成功完成高原条件试飞。

二是发挥林业特性。橡胶树是热带高大乔木，全省约70%的实木锯材来自橡胶园。

中国热带农业科学院研究团队发现，橡胶林具有很高的净CO_2吸收强度，海南岛生长旺盛期平均碳汇强度为9.92吨/（公顷·年），形成了橡胶林碳汇方法学初稿，支持白沙县打安镇橡胶林碳汇试点。建设了高产量橡胶木热改性处理加工线及相应产能的成品生产示范车间，开发了橡胶木环保新材料、木地板、室外用材等新产品，可提升行业附加值10%～15%。指导白沙县七坊镇3 331户胶农的5.4万亩橡胶林申请FSC-FM/CoC联合认证，预计每亩木材增加约200元收益，增幅20%以上，为国际大型家具企业提供可持续的木材。

三是发展林下经济。海南橡胶园年亩产值仅约800元，开发林下资源是实现“以短养长”、提升亩产值的关键。中国热带农业科学院开发的全周期间作模式胶园建设技术入选农业农村部主推技术，采用直立窄幅新品种，创新宽窄行种养模式，在不降低产胶潜力的情况下，可增加胶园土地利用率50%以上。开发了橡胶林下种植香蕉、益智、兰花、粽叶、食用菌、南芪、牧草等间作模式，探索发展林下畜牧养殖，成效良好，综合亩产值大幅度提升，其中林蕉高效种植、林牧复合种养、林下食用菌轻简化栽培、林下养蜂、林下间作球宿根花卉等模式入选海南省橡胶林下经济十大模式。

（三）海南橡胶产业发展不足

1. 种植环节的经济收益明显下降

一是天然橡胶价格持续低迷，国内价格部分月份跌破1万元/吨，而劳动力和生产资料价格却在持续上升。在价格“天花板”和成本“地板”的相互挤压下，橡胶种植的比较效益持续降低。2019年抽样调查数据显示，农户的橡胶收入平均值1.24万元，农户的农业收入平均值为1.85万元。二是风害侵袭多。橡胶树易折断，喜静风，而海南省处于台风区，成龄胶园平均每亩有效株数约22株，低于西双版纳28株左右。三是种植基地综合生产能力较低，肥料投入明显减少，土壤地力下降，海南省胶园开割率接近75%，预计超过30年胶园约120万亩，低产低质胶园30万亩，实有面积逐年减少。海南省橡胶种植户可选择的品种偏少，橡胶木产业以供给原木为主，木制品少，未能充分发挥橡胶园的林业特性。四是新技术新模式应用不足，民营胶园普遍采用两天一刀的割制，白沙县2022年每个割胶工产量不足1.5吨，而广东农垦国有农场全面采用六天一刀或七天一刀的超低频割制，胶工人均产量超5吨，直接成本控制在1.15万元以内，完全生产成本在1.4万元以内。

2. 初加工市场有待规范

一是初加工原料市场有待规范。农户大多将橡胶卖给收胶点或合作社或农村经纪人，部分收胶点存在人为调整胶乳干含度测定仪的情况，部分收购商“送干含”给农户。初加工厂与橡胶种植户的联结机制尚未建立，原料掺假仍时有发生。二是产品质量不稳定，海南生产的天然橡胶质量指标在批次间有波动，下游企业需要针对批次调整工艺，增加了生产成本，也使下游大型企业不倾向于使用国产胶。三是产能过剩，海南有橡胶初加工厂88家，橡胶加工产能约140万吨，而橡胶年产量不足35万吨，产能利用率低。四是民营胶品牌建设滞后，除农垦、中化国际的产品外，还没有民营胶加工厂成为上海期货交易所交割品。

3. 深加工附加值有待提升

海南天然橡胶以初产品生产为主，还没有以橡胶制品配方、工艺、机械等为主的研发团队，无法很好地满足航空轮胎、专用密封制品、高弹减震产品等的用胶需求，制品业规模非常小。下游的橡胶工业主要分布在山东、广东、浙江等地区，海南仅是纯粹的原料供应地，省内仅有2家规模以上橡胶制品企业，分别生产橡胶衬板和乳胶丝，省内天然橡胶需求小。产业附加值低，吸收劳动力的能力差，未能将资源优势转化为经济优势、产业优势，使得天然橡胶产业未能发挥出应有的经济效益和社会效益。

4. 对产业生态功能的贡献认识不足

橡胶林大多分布在山地、丘陵地区，占森林面积的比重为25.4%，占海南省陆地面积16.0%。但橡胶林还未完全纳入林业建设的范畴，民营胶园未享受到造林补贴。橡胶树不仅提供天然橡胶这一重要工业原材料，具有较好生态和社会服务功能，还可生产大量的木材，海南约75%的用材林是橡胶林。橡胶林更新率维持在合理水平，有助于满足全省木材需求，减少天然林管护成本。我国已全面停止天然林的商业性采伐，重视加强国家储备林基地建设。海胶集团253万亩橡胶林已纳入国家储备林基地建设项目，用于维护国家木材安全。当前，社会各界对橡胶林的关注焦点过于集中在天然橡胶这一初级产品，而忽略了其在生态功能、木材供应等方面的林业特性，常将橡胶林简单与其他热带特色高效作物比较。另外，橡胶林分类分级管理的力度亦不够。

（四）海南橡胶产业发展潜力

1. 有效保障国家战略物资的供给安全

新中国成立初期，我国为了突破封锁，从零开始发展橡胶种植业。新形势下，天然橡胶在国防、技术尖端等敏感领域的重要作用没有改变，战略资源属性没有变化，其在新时期国民经济和国家安全中仍是具有重要地位的战略性产业。欧盟综合评价经济重要性和供给风险后，将天然橡胶列入27种关键原材料清单，并出台了《欧盟零毁林法案》；美国给予天然橡胶很高的评价，认为其对美国经济、国防和人民福祉均有重要意义，并对天然橡胶供给安全作出部署。橡胶的战略地位并没有因为市场环境变化而变化，种好橡胶依然是海南对国家贡献的一个重要内容。

2018年，我国进口各类天然橡胶共566万吨，其中从泰国、马来西亚、越南和印度尼西亚进口的占比分别为54.0%、14.0%、18.0%和7.3%，总计达93.3%。在国际贸易中贸易保护主义有着强大力量，美国对华关系的重要战略调整及其在贸易、金融、军事方面的巨大优势，对中国施行贸易禁运的可能性未完全消除。我国天然橡胶供应面临诸多隐患。

2. 带动区域经济发展和农民增收稳收

橡胶树生产期长达25～35年，投产后可多年连续收获，为种植户带来相对稳定的现金收入。在2003—2013年，主产区不少农户依靠橡胶收入提高家庭收入水平、加大教育投入、建房子等，有力地支持了地区经济社会发展。2014年以来，虽然天然橡胶价格持续低迷，但在保障种植户家庭获得持续现金收入流方面，仍发挥着重要的作用。在山地、丘陵地区，目前还没有第二种作物能大规模替代橡胶树，橡胶树种植7年左右，进入长达30年左右的割胶生产期，并确保无滞销风险。据预测，全球天然橡胶供需预计在2026年从整体供大于求，转向供需相对平衡，国内消费将预计增长。若未来世界经济整体转好，天然橡胶价格预期将恢复性增长，国内价格将在2030年前恢复到2万元/吨。

天然橡胶仍是海南农村特别是中西部市县农民的主要经济收入来源之一。天然橡胶是实施乡村振兴战略的重要抓手之一，良好的信誉和品牌，提高了其产品附加值，为村庄基础设施建设提供经济基础，以及非农就业的机会。

3. 有利于全省生态环境稳定和美好新海南建设

橡胶树既是长期作物，又是人工林，可改善大气环境质量、固定二氧化碳释放氧气、减少水土流失、降低地表径流、增加土壤水分含量，具有较强的综合生态服务功能。根据国内外生态学专家学者的总结，20世纪50年代开始的橡胶种植，是海南省一次成功的产业结构调整，替代了落后的耕作方式，同时又保持了良好的生态环境。当前海南省仍然是世界同纬度区域生态环境质量最好的地区。

加快建设经济繁荣、社会文明、生态宜居、人民幸福的美好新海南，是海南当前及今后一段时期内的重要任务。生态环境是建设美好新海南的最大优势之一，橡胶种植规模总体稳定对保障全省生态环境具有重要的意义。

（五）海南橡胶产业发展前景

1. 生产保护区划定、建设、管护工作的推进，为争取更完善的政策支持提供了机会

经过60多年的发展，海南天然橡胶已形成较为完整的产业和技术体系，种植区域进一步向中西部优势区集中。2018年末，全省橡胶种植面积为792万亩，产量36万吨，民营橡胶面积占比为55%，儋州、白沙、琼中、屯昌和澄迈的种植面积占比达56.43%，但未来可拓展的种植空间不大。《国务院关于建立粮食生产功能区和重要农产品生产保护区的指导意见》（国发〔2017〕24号）将天然橡胶纳入重要农产品生产保护区划建管护范畴，海南划定面积为840万亩，全省天然橡胶产能预计将维持在40万吨以上。目前，国家有关部门正在针对粮食生产功能区和重要农产品生产保护区，研究制定支持政策，如果支持政策落

实到位，能有效地保障种植户的销售价格，将有助于海南天然橡胶产能的释放。

2. 海南自由贸易试验港建设，为海南天然橡胶全产业链发展提供了良好的环境

习近平总书记在庆祝海南建省办经济特区30周年大会上的重要讲话、《中共中央国务院关于支持海南全面深化改革开放的指导意见》（中发〔2018〕12号）、《国务院关于印发中国（海南）自由贸易试验区总体方案的通知》（国发〔2018〕34号）为海南天然橡胶产业发展带来了新的发展机遇。一是人才，事业因人才而兴，人才因事业而聚，全岛自由贸易试验区（港）建设将吸引国内外大批人才来琼寻找机会，为天然橡胶材料与制品的研发、生产、贸易、物流等提供人才支撑。二是科技，打造国家热带农业科学中心、建立符合科研规律的科技创新管理制度和国际科技合作机制，将为天然橡胶科技创新构建更高的发展平台和更宽容的环境。三是产业和市场，打造国家热带现代农业基地，建设交易中心、保税交割库，将为天然橡胶生产基地建设、提高附加值等创造更多的机会。四是政策，内外贸、投融资、财政税务、金融创新、入出境等方面的灵活政策，对于促进天然橡胶仓储物流、下游行业投资等具有重要作用。

3. “一带一路”倡议，为推进海南天然橡胶对外扩展发展空间提供了便利

海南橡胶种植户销售价格基本与国内外期现货市场价格以及国际产区价格变动同步，市场化程度高，但个体和区域间仍有差异。整体而言，西部地区要高于东部。全球天然橡胶已经形成较为完整的市场体系，不同地区之间市场整合状况良好，市场联动性好，区域市场之间的套利空间较小。全球天然橡胶的定价中心集中在中国上海、日本东京和新加坡，主产国和国内产区的整体议价能力较弱，主产国尝试通过提高国内消费量来提高天然橡胶的附加值。天然橡胶主产地主要分布在东南亚、南亚和非洲地区，几乎都是“一带一路”沿线国家。近年来，围绕天然橡胶全产业链，海南省内企业加大了在“一带一路”共建国家的产能和贸易布局，企事业单位与斯里兰卡、柬埔寨等国家开展人文科技交流、共建实验室、农业产业园区规划等，为促进海南省与“一带一路”共建国家的合作提供载体。

二、海南槟榔产业发展分析

（一）槟榔概况

槟榔（*Areca catechu* L.）为棕榈科槟榔属常绿乔木，是重要药用植物之一。原产马来西亚，亚洲热带地区广泛栽培，中国主要分布海南、台湾、福建、广东、广西等热带地区（图4-2）。

槟榔茎直立，乔木状，一般高10多米，最高可达30米，有明显的环状叶痕。叶簇生于茎顶，长1.3～2米；羽片多数，两面无毛，狭长披针形，长30～60厘米，宽2.5～4厘米，上部的羽片合生，顶端有不规则齿裂。雌雄同株，花序多分枝，花序轴粗壮压扁，分枝曲

折，长25～30厘米。果实长圆形或卵球形，长3～5厘米，橙黄色，中果皮厚，纤维质。种子卵形，基部截平，胚乳嚼烂状，胚基生。花果期3—4月。

槟榔属温湿热型阳性植物，喜高温、雨量充沛湿润的气候环境。常见散生于低山谷底、岭脚、坡麓和平原溪边热带季雨林次生林间，也有成片生长于富含腐殖质的沟谷、山坎、疏林内及微酸性至中性的砂质壤土荒山旷野。主要分布在南北纬28°之间，最适气温在10～36℃，最低温度不低于10℃、最高温度不高于40℃，海拔0～1 000米，年降水量1 700～2 000毫米的地区均能生长良好。

图4-2　槟榔

槟榔含有多种人体所需的营养元素和有益物质，槟榔原果的主要成分为酚类、多糖、脂肪、粗纤维、水分、灰分和生物碱。槟榔还含有20多种微量元素。槟榔种子含生物碱0.3%～0.6%，主要为槟榔碱。还有鞣质、脂肪、甘露醇、半乳糖、蔗糖、儿茶精、无色花青素、槟榔红色素、皂苷等。

据相关部门透露，目前我国有200多个药品含有槟榔。传统医学认为，槟榔具有“杀虫，破积，降气行滞，行水化湿”的功效，曾被用来治疗绦虫、钩虫、蛔虫、蛲虫、姜片虫等寄生虫感染。由槟榔与乌药、人参、沉香组成的四磨汤主治“七情气逆，上气喘急，胀闷不食”，据说有利于消积止痛。

中国槟榔品种产量高，每公顷可种植1 500～2 000株，单株产量可达30千克，经济价值高。中国海南、台湾、湖南等地群众自古就有消费槟榔的习惯，是主要的咀嚼类食品。槟榔市场潜力大，随着科学技术的注入，深加工产品种类丰富，消费市场逐渐扩大，市场前景更好。

（二）海南槟榔产业发展现状

1. 槟榔种植

2022年底，中国槟榔收获面积位居世界第四，总产量位居世界第三。国内槟榔的主产区在海南，产量占中国总产量的95%以上，主要分布在海南省的琼海市、万宁市、三亚市、定安县和琼中县。2022年，槟榔种植面积258万亩，收获面积149万亩，干果总产量29.48万吨，涉及种植户70多万户200多万人，占全省农业人口的41.37%，槟榔已成为海南省东部、中部和南部山区200多万农民的主要经济来源，在海南乡村振兴中发挥着举足轻重的作用。

2. 槟榔加工

我国槟榔初加工主要在海南省，深加工主要在湖南省。海南省99%的槟榔鲜果都加工成干果（半成品）供应到湖南省和本省的企业进行深加工。海南有槟榔加工企业4 767家，主要分布在万宁市、琼海市、陵水县、定安县、屯昌县等市县。此外，在槟榔主产市县还有大量农户、合作社从事槟榔初加工。深加工企业较少，主要是槟榔常规产品加工企业。衍生产品的生产加工刚起步，以生产槟榔多糖多酚（简称槟酚）为主，可作为食品原料生产槟榔饮料、糖果、饼类、酒类等，目前已有槟榔茶、槟榔酒、槟榔咖啡、槟榔口香糖等上市产品。海南加工槟榔干果产量约30万吨，2020年，全国槟榔加工环节产值约500亿元。包装槟榔主要品牌有口味王、张新发、伍子醉、宾之郎、胖哥、伍子醉、和畅、皇爷、小龙王、叼嘴巴等，其中湖南口味王集团有限责任公司是业内龙头企业。

3. 槟榔消费和贸易

我国槟榔消费分为包装槟榔、鲜食槟榔和药用槟榔，消费比例分别为95%、4%和1%。包装槟榔是用未成熟的槟榔果肉加工而成，鲜食槟榔是用未成熟的槟榔果配合蒌叶和贝壳粉食用，药用槟榔主要用成熟的槟榔果核烘干切片。随着槟榔产业发展，加工企业也开始尝试多元化，陆续尝试开发槟榔茶、槟榔口香糖以及新的槟榔制药。

从中国海关数据看，我国槟榔果进出口总量都比较小，进口约占我国需求量的3%。我国槟榔主要是进口干果。根据中国海关数据显示，2023年，我国进口量0.72万吨，进口金额7 732.72万元。我国槟榔出口以干果为主，根据中国海关统计数据显示，2017—2022年，出口量由不到20吨增长到近120吨。主要出口对象国为柬埔寨、马来西亚和澳大利亚。

4. 槟榔文化和旅游业

海南自古就有栽种和嚼食槟榔的习惯，并由此衍生了槟榔用于社交、婚礼、祭祀、年俗、诗词歌谣、民间故事等具有民俗和社会意义的槟榔文化，并且流传至今。目前，海南省以槟榔为主题的旅游项目很少，其中最具特色的是“槟榔谷黎苗文化旅游区”。

（三）海南槟榔产业发展不足

1. 种业发展滞后、种苗市场缺乏有效监管

近年来，槟榔种苗市场需求量日益增大，而目前槟榔种苗生产均处于自发状态，缺乏统一严格的市场监管和可参考的标准繁育技术体系，导致种苗市场混乱，制约了槟榔种植业规模化、标准化生产。

2. 种植布局不合理、栽培技术粗放

近年来，在良好的市场价格驱动下，海南省槟榔种植业发展过快，部分农户盲目、大面积连片种植槟榔，一方面导致病虫害严重发生和蔓延，另一方面由于槟榔食品的消费群体仅限于部分特定区域，在没有开发槟榔新的深加工途径和消费功能之前，容易增大市场销售压力，导致大量槟榔果实积压，价格下跌。

3. 管理粗放致病虫害频发，生产潜能受限

槟榔多被当作懒人作物，重种轻管，黄化病、炭疽病、椰心叶甲、红脉穗螟等病虫害频发，尤其是黄化病和椰心叶甲的发生面积分别在40万亩和33万亩以上，槟榔产量严重受限。

4. 深加工行业滞后、地方特色品牌产品匮乏

槟榔深加工行业主要分布在湖南，海南95.4%的槟榔干果需要销售到湖南进行深加工，往往导致槟榔价格受制于人。海南省槟榔产业相关产品加工、利用属起步阶段，市场开发程度有限，在槟榔医药开发、综合利用产业化发展方面技术滞后，精深加工水平亟待提高。

5. 未来槟榔产业政策不明确

槟榔未能列入药食同源目录和新食品原料目录，虽然农业农村部于2022年8月回应全国政协委员的提案，提出“借鉴烟草监管经验，从‘特色产品’和‘嗜好品’的管理角度，加快推进槟榔产业健康发展”，但是直到目前，槟榔产业政策仍未明确。此外，槟榔头部加工企业生产许可证陆续到期，槟榔作为食品失去了监管依据，未来包装槟榔仍旧面临下架等风险，进而可能引发全产业的风险。

6. 文化内涵挖掘不够、旅游产业未成气候

海南具有历史悠久的槟榔文化，槟榔作为海南独特的民俗载体，在海南槟榔产业中与槟榔相关的旅游和文化未得到有效的挖掘。目前，以槟榔为主题的旅游项目仅有“槟榔谷黎苗文化旅游区”“槟榔河文化旅游区”“万宁市槟榔博物馆”等。

（四）海南槟榔产业发展潜力

1. 供需平衡总体形势

我国槟榔干果的总需求量自2017年逐年增长，以2017—2023年生产数据对2030年模拟后推测，2030年中国槟榔干果总需求量为37.29万吨，年平均增长率为3%。2023—2030年，随着近年中国槟榔新增种植区陆续进入收获期，以及槟榔黄化病防治技术的突破，槟榔总产量呈现稳定增长趋势。槟榔需求量随着市场的扩容也将稳定增长。槟榔干果仍需从国外进口，净进口量将保持稳定增长态势，2030年将达到1.5万吨。

2. 生产预期

从种植面积看，近十年槟榔产业飞速发展，种植面积10连增，部分主产市县已经出现槟榔种植上高山、下水田，未来海南槟榔种植面积扩大的潜力不大。从产量看，槟榔黄化病等病虫害蔓延，槟榔单产有下降趋势。未来槟榔产量有赖于黄化病等病虫害防治技术的突破。

3. 市场前景

从槟榔产业市场规模看，我国槟榔产业市场规模以每年约30%的规模递增。2020年，

全国槟榔产业全产业链产业规模超过700亿元，预计2025年中国槟榔产业市场规模达1 000亿元。海南槟榔鲜果果实饱满，深受国内消费者喜爱，是深加工企业首选，未来槟榔鲜果价格看好。

（五）海南槟榔产业发展前景

1. 国家支持政策

迄今，我国相关槟榔产业已经发布了19个国家级政策，其中支持性的15个，制约性的4个。广电总局发布的《国家广播电视总局办公厅关于停止利用广播电视和网络视听节目宣传推销槟榔及其制品的通知》限制了广告的投放渠道，国家市场监督管理总局发布的《关于槟榔制品监管有关事项的通知》限制了槟榔作为食品来监管，农业农村部发布《农业农村部对政协第十三届全国委员会第五次会议第01480号（农业水利类120号）提案的答复》指明了未来槟榔监管方向是参照烟草专卖。以上3项政策对槟榔产业影响深远。

2. 生产区支持政策

迄今，海南省对外公布的槟榔产业政策有27项，其中省级17个、市县级10个；支持性的19个，规范性的2个，制约性的6个。日前，海南省利用自贸港的立法优势开始推动槟榔专卖立法，为未来槟榔产业监管奠定法律基础。

3. 加工区支持政策

湖南是槟榔的主要加工区和消费区。迄今，湖南省对外公布6个产业政策，其中支持性的3个、制约性的2个、规范性的1个。湖南省是除了海南省之外，对槟榔产业支持力度最大的省份。

三、海南椰子产业发展分析

（一）椰子概况

椰子（*Cocos nucifera* L.）为棕榈科椰子属植物。原产于亚洲东南部、印度尼西亚至太平洋群岛，中国广东南部诸岛及雷州半岛、海南、台湾及云南南部热带地区均有栽培（图4-3）。

图4-3　椰子

椰子植株高大，乔木状，高15～30米，茎粗壮，有环状叶痕，基部增粗，常有簇生小根。叶羽状全裂，长3～4米；叶柄粗壮，长达1米以上。花序腋生，长1.5～2米，多分枝；佛焰苞纺锤形，厚木质；雄花萼片3片，鳞片状，长3～4毫米，花瓣3枚；雌花基部有小苞片数枚；萼片阔圆形，宽约

2.5厘米。果卵球状或近球形，顶端微具三棱，长15～25厘米，外果皮薄，中果皮厚纤维质，内果皮木质坚硬，果腔含有胚乳（即“果肉”或种仁），胚和汁液（椰子水）。花果期主要在秋季。

椰子在年平均温度26～27℃，年温差小，年降水量1 300～2 300毫米且分布均匀，年光照2 000小时以上，海拔50米以下的沿海地区种植最为适宜。椰子为热带喜光作物，在高温、多雨、阳光充足和海风吹拂的条件下生长发育良好。椰子适宜在低海拔地区生长，适宜椰子生长的土壤是海洋冲积土和河岸冲积土，其次是砂壤土，再次是砾土，最差是黏土。

椰汁及椰肉含大量蛋白质、果糖、葡萄糖、蔗糖、脂肪、维生素B_1、维生素E、维生素C、钾、钙、镁等。椰肉色白如玉，芳香滑脆；椰汁清凉甘甜。椰肉、椰汁是老少皆宜的美味佳果。在每100克椰子中，能量达到了900多千焦，含蛋白质4克、脂肪12克、膳食纤维4克，另外还有多种微量元素，碳水化合物的含量也很丰富。

椰子性味甘、平，入胃、脾、大肠经；果肉具有补虚强壮、益气祛风、消疳杀虫的功效，久食能令人面部润泽，益人气力及耐受饥饿，治小儿绦虫、姜片虫病；椰水具有滋补、清暑解渴的功效，主治暑热饥渴、津液不足之口渴；椰子壳油治癣，疗杨梅疮。

椰子综合利用产品有360多种，具有极高的经济价值，全株各部分都有用途，椰子可生产不同的产品，被充分利用于不同行业，是热带地区独特的可再生、绿色、环保型资源。

椰肉可榨油、生食、做菜，也可制成椰奶、椰蓉、椰丝、椰子酱罐头和椰子糖等，椰子水可制作清凉饮料，椰纤维可制毛刷、地毯、缆绳等，椰壳可制成各种工艺品、高级活性炭，树干可作建筑材料，叶子可盖屋顶或编织，椰子树形优美，是热带地区绿化美化环境的优良树种，椰子根可入药，椰子水除饮用外，因含有生长物质，是组织培养的良好促进剂。

（二）海南椰子产业发展现状

1. 种植业现状

（1）种植面积。全球椰子种植面积约1.8亿亩，主要集中在亚洲，其次是非洲和美洲，中国椰子种植面积仅占全球的0.29%，占亚洲的0.32%。椰子在我国海南、云南、广东、广西、福建、台湾等南方地区均有种植，但只有海南全省及云南省少数地区的椰子能正常结果。海南省椰子种植面积占全国的99%，是中国椰子的主产地。据统计，2020年，海南全省有椰子林面积51.79万亩，其中块状面积（连续面积1亩及以上）39.8万亩，房前屋后零散种植的有11.99万亩。大部分为农民自行种植，约9万亩为企业或合作社种植。其中，本地高种椰子面积为42.79万亩，水果型新优品种和杂交新品种椰子面积近9万亩，涉及种植户28万多户，114万人。全省椰子分布主要在东部沿海市县，其中，文昌市就有

22.45万亩，琼海市9.51万亩，陵水县5.03万亩，万宁市3.48万亩，海口市2.01万亩，三亚市1.83万亩。以上6个市县的椰子总面积占全省的85.58%，椰果总产量占全省的83.84%。

（2）椰子产量。国际上以亩产椰干作为椰子产量的标准。2019年产量靠前的国家为印度尼西亚、菲律宾、印度、斯里兰卡。大部分国家的椰子以毛椰子或椰干的形式出口，泰国和马来西亚的水果型矮种椰子产业发展较好。泰国水果型矮种椰子年产9亿个，约2/3进入中国市场。海南进入产果期的椰子面积约42.5万亩，高种椰子果仅能提供鲜食消费，极少数能等到成熟后作为加工原料，椰子果年产量约2.32亿个，约占全球的0.42%，占亚洲的0.50%。我国水果型椰子发展较晚，市场上鲜食椰子多为高种椰子嫩果。目前每年省内消费鲜果近1.32亿个，出岛销售约1亿个。近年来，椰子鲜果的市场需求旺盛，本地高种椰子鲜果产地价逐年增高，3～5元/个，零售价8～10元/个；水果型椰子果产地价5～6元/个，零售价15～20元/个，直接经济效益可观。

（3）种植水平。近20年来，我国椰子新品种选育取得较大进展，已通过认定（审定）的8个新优品种，分为鲜食型的矮种椰子（包括文椰2号、文椰3号、文椰4号、文椰5号、文椰6号）和加工型的高种椰子（包括文椰78F_1、摘蒂仔、绿高）两大类；集成多套椰园管理技术和病虫害绿色防治技术，但在实际生产中对管理技术的应用不够，大部分椰园未按需浇水、施肥，导致树体虚弱、减产、病虫害频发，成为低产椰园。海南省低产低效椰园面积近15万亩，约占全省总面积的28.84%，已成为限制海南椰子产业发展的重要原因之一。

2. 加工业现状

（1）现有规模。国际上椰子产品加工研发主要集中在各大食品、饮料公司，如雀巢、三务集团、菲诺、Peter paul、Vitacoco等，工厂均设在印度尼西亚、菲律宾等椰子主产国，生产的椰蓉、椰子油、椰浆等产品远销全球。全球椰子贸易产品有椰子果、椰子油、椰粕和椰蓉四大类。最大的椰子产品出口国是菲律宾，其次是印度尼西亚和斯里兰卡；椰子进口国超80个，其中我国椰子进口市场总量最大，约占全球总量的16.3%；美国次之，为12.7%。

我国拥有完整的椰子加工产业链，全国注册椰子加工企业1 279家，生产各类椰子产品260余种，海南椰子加工企业共359家，占全国总数的28.1%，且以中小微企业为主，产值过亿的不超过7家（2019年，椰树集团39.16亿元、春光食品6.34亿元），另有400多家未注册的手工作坊，总产值约100亿元。江苏、广东、河北等地的椰子产业发展迅速，尤其是椰汁、活性炭等产品市场占有率较高，产值过亿企业有苏萨、华净、欢乐家、木林森等10多家。但我国椰子原料进口依赖度极高，尤其是椰子果、椰子油和椰粕的需求量分别占世界进口贸易总额的47.13%、7.22%和3.20%。

（2）产品类别。在国外，以椰子为原料生产的产品已达360多种，产品涉及食品、化工、轻工、医药和航海等多个领域。印度尼西亚、菲律宾、马来西亚、斯里兰卡是主要椰子产品出口国，其产品包罗万象，包括椰青、椰干、椰子油、椰粕、椰壳炭、椰雕、椰衣纤维等初级加工产品，还有脂肪醇、脂肪酸等椰子深加工的精细化工产品。在菲律宾，椰子油的利用已经深入到某些特种物质的提纯，并广泛用于生物制药和精细化工领域。

海南椰子加工产品主要有三大类。第一类是食品产品，品牌有椰树、南国、春光、椰国等，产品有椰子汁、椰子糖、椰蓉、椰子粉固体饮料、椰子酱、椰子片、椰奶糕、椰纤果、食用椰子油和椰青等；第二类是非食品产品，产品主要有椰衣栽培基质、椰垫、门垫、花篮、椰衣纤维网、非食用椰子油、椰壳炭及活性炭等，高档军用活性炭由海南星光活性炭有限公司生产；第三类是手工艺品系列，以椰派为代表企业，产品主要有家具、餐具、文具、壁画、椰包、腰带、挂饰、头饰、手链、项链、钥匙扣等系列产品。与国际市场相比，特点如下：一是大部分产品规模较小，大量进口初加工产品为原料；二是产品的种类较国际市场少近一半；三是附加值较低的传统产品占比较多，附加值较高的新优特产品占比较少。

（3）技术水平。东南亚等椰子主产国的加工技术研究起步较早，研发重点仍集中在食品方面，多以椰干为原料进行椰子油的压榨，以及椰蓉、椰粕的生产；菲律宾、印度尼西亚等国也有部分企业利用鲜椰肉制备椰奶，进而加工成椰子酱和椰浆粉等产品出口。此外，东南亚等主产国也非常重视椰子功效物质的挖掘以及副产品加工利用，在椰子水抑菌物提取、椰子油和粗糖的能源化、椰花汁和椰纤果发酵、椰子油美容日用品、椰子木材加工等方面具有较好的技术储备。

我国椰子加工产业链齐全，尤其在椰子汁、活性炭、洗涤剂、手工艺品等产品加工以及质量标准化等技术方面处于世界领先地位。其中海南省已搭建了涵盖政府、科研院所、企业和种植户的省级工程中心和产业联盟等平台，先后制定各类产品标准和规程20多项。但是企业研发力量仍然较为薄弱，除椰树、春光、椰国等少数几个企业外，大部分企业不具备独立开发技术和研发产品的条件，生产加工以应用成熟技术为主。

3. 文旅产业现状

目前海南以椰子为主题、具有一定知名度的景点主要集中在东线沿海市县，包括文昌市的东郊椰林、椰子大观园（4A）和春光椰子王国（3A），陵水县的椰田古寨景区（3A）和琼海市的春晖椰子文化观光园（2A）共5家。文化企业只有海口王传棋动漫有限公司，创造了“波波椰”这一积极向上、阳光乐观的椰子苗文创形象。整体而言，海南椰子文化旅游产业发展较慢，尚有潜力待深挖。

4. 科技支撑现状

在东南亚国家，椰子作为最主要的经济作物，无论政府还是农户，均投入巨大财力物力培育椰子新品种。印度尼西亚、斯里兰卡、越南、菲律宾等国均设有专业椰子发展署

（局）及椰子研究所（署），多年来重点在椰子品种培育、耕作栽培技术等方面开展研究，分别培育出了多个矮种和杂交品种。目前开展椰子组织快繁技术研究初步成功的有澳大利亚、斯里兰卡和墨西哥等国，分别建立了可行的组培快繁体系。加工业方面，椰子油、椰子汁、椰子水、椰纤果、椰子衍生类日化用品等加工技术均在企业得到广泛应用。三务集团、Vitacoco、富兰克林、百事可乐旗下的Naked Juice等公司在椰子新产品、新技术应用方面不断开拓创新。

目前，我国从事椰子方面的研究机构较少，主要有中国热带农业科学院椰子研究所、海南大学、浙江大学等几个单位。近20年来，我国椰子新品种选育取得较大进展，已通过认定（审定）8个新优品种，分为矮种椰子、杂交种椰子和高种椰子三大类。其中矮种椰子品种也被称为水果型椰子，杂交种椰子更适合作为精深加工原料，海南绿高和摘蒂仔既可鲜食，也可用于加工。我国在椰子油产品研发方面具有较强技术优势，通过改进初榨椰子油生产工艺，稳定了产品质量，生产出的产品，其理化指标达到或优于世界权威椰子国际组织亚洲及太平洋椰子共同体（APCC）发布的初榨椰子油标准。椰子水、椰纤果加工生产技术等也在各大企业广泛应用。但是，在椰子产业，亟待解决的种苗精准鉴定及品种快速选育、椰子重要病虫害快速检测技术、椰子抗寒/旱技术、机械化采摘、加工产品及技术更新等方面发展稍慢，尤其是限制我国椰子产业发展的关键技术——组培快繁技术尚未完全突破。

（三）海南椰子产业发展不足

1. 良种苗木供应不足，椰园种植管理粗放

中国热带农业科学院椰子研究所新选育的文椰系列水果型椰子新品种种植后3～4年结果，盛产期单株年产100个以上，且植株矮化，初结果部位低，易于采摘。但是由于组培快繁技术未突破，只能依靠种果育苗，而目前采种园面积小、种果有限、发芽率低，造成苗量小、价格贵，推广难度大。海南各地现存的椰子绝大多数是原来种植的本地高种椰子，普遍存在产量低下，年产果低于40个/株的低产椰园面积较大，约15万亩。在病虫害防控方面，椰子、槟榔、海枣等棕榈科植物均易被椰心叶甲、椰子织蛾、红棕象甲等害虫共同危害，加之椰子等棕榈科植物作为主要的热带景观树种，调运频繁，容易造成病虫害传播。虽然目前找到了生物和化学防控有效途径并持续开展了综合防治，达到了目前有虫不成灾的效果，但稍有不慎还会有再次大面积暴发的可能。

2. 加工产业总体发展较慢

目前海南加工用果完全依赖进口。原材料的缺乏导致椰子加工企业产能受限、生产规模难以扩大，产业带动作用有限，一些椰子主产国逐渐限制毛椰子出口，增加了原料供应的风险。产业结构整体层次偏低，产品集中在技术含量较低的椰子汁、椰子糖果等传统产

品方面。加工企业布局分散，未形成集约化的产业园区或产业集群，椰子果、椰壳、椰肉加工分散多地，原料、产品的调运大大增加了产品成本。椰子水利用率、椰壳活性炭烧制技术不成熟导致椰子加工过程中废水、废气污染严重，企业环保压力大。椰子产品科技创新能力不够，产品附加值低，产品竞争力弱。

3. 文旅产业发展不足

椰子是海南的象征，代表着海南的特色文化，但是围绕“椰子”开发的公共品牌、影视文化、休闲观光农业等第三产业发展水平较低，公共品牌目前仅有2个农产品地理标志——“文昌椰子”“万宁金椰”，椰子主题影视文化作品几乎一片空白，椰子主题景点成功商业化运作并实现盈利的只有陵水县的椰田古寨景区，其余景点如东郊椰林、椰子大观园、春晖椰子文化观光园经营状况一般；“波波椰”等文创品牌才刚起步，尚未形成智慧农业、精准农业、创意农业、会展农业等多种椰子业态。在椰子产业信息研究方面，包括信息、研发、咨询、管理、金融、服务等方面信息来源较少，信息滞后，不足以支撑椰子三产融合的要求，与先进国家和地区相比有较大差距，与海南国际旅游岛和中国特色自由贸易港建设要求不相匹配。

4. 产业国际化程度不高

我国椰子种植、加工业主要集中在海南省，海南仅有几家规模较大的加工企业涉足海外加工和销售业务，尚未形成大规模走出去建园、建厂，发展海外销售市场的潮流。与国外先进企业交流合作较少，先进技术和先进人才的引进处于起步阶段。缺少支持企业开拓国际市场各项活动的政府性基金和帮扶政策，企业海外市场开拓能力较弱。

（四）海南椰子产业发展潜力

1. 独特的自然条件

海南省是我国唯一的全部位于热带的省份。海南岛光照充足，日照时间长，日长变化小，年均气温22.5～26.0℃，热量条件优越；年降水量大，雨水充沛，多年平均降水量为1 759毫米，是全国唯一适合大规模种植椰子的地区，且大部分地区的气候条件非常适合椰子生长，种植优势显著。而在琼州海峡以北地区种植椰子几乎不挂果，海南椰子作为农副产品，无其他省份同类产品竞争。

2. 丰富的品种资源优势

海南是我国唯一的椰子主产区，拥有全国唯一的农业农村部椰子种质资源圃，保存大量优异种质资源，相关科研单位现已收集保存椰子种质资源214份，为椰子优良品种选育提供了良好的资源优势。目前已审（认）定椰子品种8个，并制定了配套的高产栽培技术，为提高椰子单产水平提供品种资源优势和技术保障。

3. 良好的产业基础

海南注册的椰子生产、加工企业约359家，还有400多家未经注册的小手工作坊，加工产品有30多个品类200多个品种，并涌现出椰树、南国、春光等一批椰子综合深加工与利用的知名企业，还有以中国热带农业科学院椰子研究所、海南大学为代表的科研机构，为海南椰子产业提供科技支撑，形成了科学研究、种植、加工、销售等为一体的产业链，产业特色和市场优势明显，已具备良好的产业基础。

（五）海南椰子产业发展前景

1. 较好的政策机遇

2018年4月13日，习近平总书记在庆祝海南建省办经济特区30周年大会上讲话指出，海南要实施乡村振兴战略，发挥热带地区气候优势，做强做优热带特色高效农业，打造国家热带现代农业基地，进一步打响海南热带农产品品牌。2019年海南省政府工作报告明确提出“扩大热带水果、蔬菜、椰子等高效品种种植”，为椰子产业发展提供了良好的政策机遇。2020年6月，中共中央、国务院印发《海南自由贸易港建设总体方案》，对于椰子加工企业而言，又是一个重磅利好消息。

2. 较好的市场机遇

根据海南省旅文厅分析预测，到2025年，海南游客数量将达到1亿人次，按在琼期间最低人均消费5个椰子计，海南旅游市场鲜食椰子需求约为5亿个/年，内地市场需求约10亿个/年，总需求量约15亿个/年，约为我国现有椰子产量（2.32亿个/年）的6.47倍。全国加工用果约需35亿个/年，产量缺口巨大。

3. 产业结构调整带来的机遇

海南省提出“调优、调精、调高”的农业和农村经济结构调整，大力发展优质农副产品，推进“精品工程”，改进产品包装，实施名牌战略，培育支柱产业、特色产品，从而提高市场占有率和竞争能力，同时发展高效农业，提高经济效益，增加农民收入。有50多万亩的低效桉树林、木麻黄、黄化病槟榔林等农林用地需要进行树种结构调整，退塘还林后未利用的滨海沙地，以及大量未被充分利用的撂荒地和其他闲置地，为大力发展良种高效椰子种植提供了用地保障。

四、海南沉香产业发展分析

（一）沉香概况

沉香（*Aquilaria agallocha* Roxb.）为瑞香科沉香属植物。主要分布于越南、印度、印度尼西亚、马来西亚等地区，中国热带地区有引种。沉香是瑞香科在自然或人工诱导因素下木质部受到伤害分泌出树脂和树体组织的混合物形成的含树脂木材（图4-4）。

沉香为常绿乔木，高可达30米。幼枝被绢状毛，叶互生，稍带革质，具短柄；叶片椭圆状披针形、披针形或倒披针形，长5.5～9厘米。伞形花序，无梗，或有短的总花梗，被绢状毛；花白色，与小花梗等长或较短。蒴果倒卵形，木质，扁压状，长4.6～5.2厘米。种子通常1颗，卵圆形。花期3—4月，果期5—6月。野生或栽培于热带地区。

图4-4　沉香

沉香是我国传统珍稀药材，具有“行气止痛、温中止呕、纳气平喘”和“治疗胃痛、止喘、镇静安神”等药用价值。以沉香作为药剂的国药准字中成药160多个，其中药品名称中冠以“沉香”二字的多达103个。沉香在抗击新冠疫情中得到较好应用，先后有海南、云南、广西、西藏、内蒙古、湖北、广东等地卫健委把沉香香薰疗法纳入防疫方法之一；国家卫健委官方发布的《新型冠状病毒感染的肺炎诊疗方案（试行第五版）》将沉香中医处方药“苏合香丸”纳入了新冠重症治疗的中医处方药。

沉香是世界极品香料，是东南亚国家、中东地区国家传统名香，位居我国四大香料“沉檀龙麝”之首位，具有祛除异味、提神醒脑、濡养身心的作用。人们用沉香木或沉香制作成书箱、毛笔、摆件、珠串、精油、纯露等。沉香各类产品远销中东各国，是日本、韩国的香生活与文化必需品。沉香文化已成为许多国家传统文化的一部分。

海南自古盛产沉香，是沉香树原生分布区和沉香主产地。海南生产的沉香，品质最为上乘，古时称为“崖香”，素有“琼脂天香”“一片万钱，冠绝天下”的美誉。

（二）海南沉香产业发展现状

1. 种植业现状

（1）种植品种。沉香属植物全世界约有21种，拟沉香属植物有9种，其中野生植物资源中分布较广的有白木香、马来沉香、贝卡利沉香、柯拉斯那沉香、丝沉香、毛沉香和小果沉香，国际上种植的沉香树品种主要来源于上述品种的野生资源。

我国仅有沉香属白木香和云南沉香2个特有乡土树种。其中，白木香为我国生产沉香最为主要的乡土基原树种。我国种植的沉香树多为野生种经驯化栽培获得的农家品种，经审（认）定的品种不多。海南省审（认）定的沉香树品种已达13个，这些品种在全省种植面积正逐步扩大。

（2）种植面积。目前，全球沉香树种植面积有1 500多万亩，其中印度尼西亚、马来西亚、越南、泰国等是沉香树重要种植国。

我国沉香种植面积约100万亩，主要分布在广东、广西、海南、云南、福建等地，四川、重庆、江西、贵州等地也有零星种植。海南种植沉香树面积约14万亩，位居全国第三。2020年4月，时任海南省省长沈晓明提出，要把沉香树当作海南“第四棵树”重点发展。其中土沉香10万亩，约80%已达结香树龄；易结香类品种4万亩，约50%已可结香。

（3）沉香产量。全球沉香年产量约8万吨，主要产区为印度尼西亚、越南和马来西亚。据统计，印度尼西亚蕴藏着世界60%的天然沉香，产量占世界沉香产量的70%。老挝、缅甸、泰国等地也有少量沉香产出。

国内沉香年产量约4 000吨，其中一半以上产自广东省。目前，海南沉香年产量300吨左右，主要以白木香为主。

2. 加工业现状

国际上尚未形成沉香产品加工中心，印度尼西亚、马来西亚、越南、泰国等东南亚国家均开展沉香产品加工，产品以精油为主。

我国沉香产业加工体系较为完备。沉香加工产品主要有沉香熏香、沉香文玩饰品、沉香药品、沉香日化品等4大类300多种。2022年全国沉香加工业产值100多亿元。福建省是我国进口沉香粗加工基地，广东省是国内沉香加工及贸易集散地。海南省现有医药、健康养生、宗教、日化和工艺收藏等不同业态沉香产品100余款，其中沉香文玩饰品、熏香品等初级加工产品占90%以上，销售额最大的单品为沉香烟，2022年度销售额约1.6亿元。

3. 贸易现状

世界沉香每年贸易额200亿～300亿美元，主要来自印度尼西亚、马来西亚和越南，主要目的地为沙特阿拉伯、阿拉伯联合酋长国、日本和中国。以马来西亚、印度尼西亚、越南、缅甸等为主的东南亚国家，占据全球90%的沉香贸易出口份额。中东国家进口印度尼西亚沉香比例最高，占60%～70%。

2021年我国进口沉香（原木、木块、木片、木粉、木屑、提取物等）123吨，主要来源为印度尼西亚、泰国等国家；出口沉香（线香、木片、提取物等）350千克，主要出口到美国、沙特阿拉伯、中国香港等国家和地区。2022年海南省主要综合性沉香企业销售额2亿多元。

4. 科技现状

经多年培育，海南沉香树种植面积稳中有增、沉香产业链条不断完善、沉香科技创新水平持续提升，为发展成海南特色优势产业打下坚实基础。制定发布海南省的地方标准9项、团体标准2项和企业标准151项，涵盖种子种苗、鉴定与质量分级、产品加工等，初步形成了产业规范。2022年10月，“海南沉香（香）”和“海南沉香（中药材）”2个地理标志证明商标成功注册，海南沉香品牌建设迈出重要一步。

（三）海南沉香产业发展不足

1. 缺乏统一种植品种，种植和结香技术规范应用不足

传统沉香多以种子实生苗种植为主，良种使用率较低，新品种应用率仍低于30%。良种繁育体系有待规范，存在亲（母）本来源不清、见种即采、苗木品质参差不齐等现象。种植标准化、规范化不足，缺乏统一、高效、优质结香技术。

2. 沉香加工能力不强，特色优势品牌缺乏

海南沉香产业以一产为主，产品加工能力不强，委托加工占主导。沉香产品以沉香线香、手串等初级加工产品为主，沉香药品、精油、高端化妆品及相关快消品等精深加工产品开发明显不足，缺乏有竞争力的拳头产品。沉香行业品牌意识不强，知名品牌缺乏。

3. 缺少龙头企业带动，尚未形成规模

目前，海南沉香产业市场主体中登记在册的企业有699家，但年产值或营业额过千万元的寥寥无几，绝大部分为小微型企业和小规模种植户，缺乏龙头企业带动沉香产业上下游贯通发展，尚未形成规模效应。

4. 质量溯源体系亟待建立，市场公信力不强

海南沉香产品缺乏完善的鉴定和分类标准，质量参差不齐。亟须建立沉香溯源体系和完善的检验检测体系，开展统一的产品认证、标识以及透明的信息源追溯，并制定切实可行的监督措施，完善质量保障体系，创建具有公信力的沉香消费环境。

5. 消费场景打造不足，消费信息不足

沉香产品网上销售已成为重要渠道。沉香产品属于中高端商品，交易更加需要专业团队和信用支撑。海南沉香产业与网络交易平台尚未建立良好的合作交流渠道，与文旅融合不够，未能发挥海南旅游资源优势，尚未建立沉香国际旅游消费中心，沉香消费有待提升。

6. 产业集聚度不强，国际化程度不高

海南沉香企业相似度高、关联度低，企业之间尚未建立紧密利益联结机制，各企业上下游产品配套不足，未形成覆盖全产业链的产业集群，产业集聚度不高。海南省沉香相关市场主体与国外先进企业交流合作较少，利用海南自由贸易港开放优惠政策不足，开拓海外市场能力较弱，产业国际化程度不高。

（四）海南沉香产业发展潜力

1. 发展优势

（1）独特的自然条件。海南省是我国唯一全部位于热带的省份。全岛属于热带海洋性季风气候。全省日照时间长，日长变化小，年平均日照1 750～2 650小时，年平均气温22～26℃，年平均降水量1 500～2 000毫米。全省地势平缓，土壤深厚，高温多雨，全岛

均适合沉香树生长，由于光热充足、雨热同期，较广东、广西、云南、福建等省份沉香生长更快，品质更优。

（2）良好的产业基础。海南沉香树种植面积已达14万亩，位居全国第三；拥有3家具备CMA资质的第三方质量检测平台；拥有数百家沉香种植、加工、贸易相关企业；建立了海南沉香产业协会、海南沉香产业联合会等多家行业组织；制定了沉香产业系列标准；拥有“海南沉香（香）”和“海南沉香（中药材）”地理标志证明商标。海南沉香已具备产业发展的良好基础和条件。

（3）深厚的文化底蕴。海南沉香，古时称为“崖香”，其香韵高雅、层次分明，香气富于变化，更为怡人，素有“琼脂天香”“一片万钱，冠绝天下”等美称。海南沉香文化积淀甚深，如宋代丁谓所著的沉香典籍《天香传》，把海南沉香喻为天香。苏东坡在《沉香山子赋》中点评海南沉香金坚玉润、鹤骨龙筋、膏液内足。明末至清代，《广东新语》《粤中见闻》《黎岐见闻》《岭南杂记》等古籍均对海南沉香树生产及沉香采购情况有详细记述，形成了海南悠久浓厚的沉香文化。

2. 潜在挑战

海南地处热带北缘，气候条件和自然资源禀赋同印度尼西亚、马来西亚、越南等世界沉香主产国有差距，沉香树生长速度较其他主产国偏慢，同时容易受到台风、寒害、高温干旱等自然灾害威胁。在生产成本方面，印度尼西亚等国家用工成本低廉，而海南随着农村劳动力人口数量下降，劳动力成本上升，和广东、广西等沉香产业大省份相比土地和用工成本更高。在沉香加工业发展方面，海南产业基础较为薄弱，产业链不完善，同广东、福建等省有较大的差距。当前沉香国际贸易体系仍以印度尼西亚、马来西亚等国家为主。

（五）海南沉香产业发展前景

1. 开放的政策机遇

2018年，习近平总书记在庆祝海南建省办经济特区30周年大会上讲话指出，海南要做强做优热带特色高效农业，打造国家热带现代农业基地，进一步打响海南热带农产品品牌。海南自由贸易港高度开放的政策环境为沉香产业发展注入新的活力。海南自由贸易港关税制度设计，为海南沉香种植、加工、出口赋予了极大的优惠，将有效促进沉香产业技术、人才、资本和创新要素聚集融合。

2. 良好的市场机遇

随着国际贸易升温和东南亚国家经济发展提速，沉香国际市场环境总体向好。国内随着人们生活水平和健康观念的提升，沉香的需求逐渐增温，市场缺口大。海南自由贸易港建设将为沉香进出口、加工、消费创造广阔市场前景。目前，广东东莞市、中山市、茂名市等大力发展沉香产业，着力打造沉香品牌，推动沉香文化复兴。广西、云南等地也逐步扩大沉香种植规模，发展沉香产业。周边地区沉香产业的发展和人们对于健康消费的新需求为海南省沉香产业发展带来良好的市场机遇。

五、海南油茶产业发展分析

（一）油茶概况

油茶（*Camellia oleifera* Abel.）为山茶科山茶属植物，别名茶子树、茶油树、白花茶；常绿小乔木。油茶树是世界四大木本油料之一，生长在中国南方亚热带地区的高山及丘陵地带，是一种纯天然高级油料（图4-5）。

图4-5　油茶

油茶嫩枝有粗毛。叶革质，椭圆形、长圆形或倒卵形，长5～7厘米，宽2～4厘米。花顶生，苞片与萼片约10片，由外向内逐渐增大，阔卵形，花瓣白色，5～7片。蒴果球形或卵圆形，直径2～4厘米。花期在冬春间。

油茶喜温暖，怕寒冷，要求年平均气温16～18℃，花期平均气温12～13℃，突然的低温或晚霜会造成落花、落果；要求有较充足的阳光，否则只长枝叶，结果少，含油率低；要求水分充足，年降水量一般在1 000毫米以上，但花期连续降雨，影响授粉；要求在坡度和缓、侵蚀作用弱的地方栽植，对土壤要求不甚严格，一般适宜土层深厚的酸性土，而不适于石块多和土质坚硬的地方。

油茶种子含油30%以上，供食用、润发或调药，可制蜡烛和肥皂，也可作机油的代用品。油茶具有很高的综合利用价值，茶籽粕中含有茶皂素、茶籽多糖、茶籽蛋白等，它们都是化工、轻工、食品、饲料工业产品等的原料，茶籽壳还可制成糠醛、活性炭等，用茶树的灰洗头可杀死虱子及其虫卵。茶子树木质细、密、重，拿在手里沉甸甸的，很硬，是做陀螺、弹弓的最好材料，并且由于其有茶树天然的纹理，也是制作高档木纽扣的高级材料。

茶油中不饱和脂肪酸含量高达90%，远远高于菜油、花生油和豆油，与橄榄油比，其维生素E含量高一倍，并含有山茶苷等特定生理活性物质，具有极高的营养价值。茶油是优质保健食用油和高级天然化妆品原料，素有“东方橄榄油”等美誉，已被国际粮农组织列为重点推广的健康型食用油。茶壳还是一种良好的食用菌培养基。研究表明，油茶皂素还有抑菌和抗氧化作用。

油茶产业不仅可以发挥其环境保护、涵养水源、防止水土流失等综合生态效益，而且有助于优化农林产业结构，实现第一产业的提质增效，被国家林业和草原局定为林业优势特色产业。2016年油茶被列为国家大宗油料作物，并列入国家精准扶贫的主要树种，油茶作为健康优质食用植物油的重要来源，已成为国家重要的战略物资之一。

海南省油茶资源分布在中国最南缘，种植面积少，多年来为自产自销模式，被国内油茶界所忽略，直到2010年左右才逐渐引起业内专家的关注。由于特殊的自然地理环境、特异的遗传资源和优质的茶油（山柚油）产品，海南省油茶产业在国内别具一格，特色极为显著。

油茶作为一种常绿树种，大部分是纯林，由于其种植密度小，地表空置面积大，丰产前林下光照较充足，造林前期抚育时间长，是发展油茶间种蔬菜、中药材、粮油作物、牧草等种植业和养殖蜜蜂、土鸡、鹅等养殖业的最好树种，通过一地多用，既能有效实现油茶林高产抚育，又能增加油茶林地产出，提高经济效益。在生态效益上，可产生长期的正向效果。一是使林地植被多层次结构，高效利用光照，增加地表覆盖减少土壤水分蒸发，有利于保持水土，涵养水源；二是能增加耕作层深度，加速土壤熟化和有机质的积累，提高土壤肥力；三是有效防控病虫草害，减少除草剂、杀虫杀菌化学药剂的使用；四是为油茶林地休闲旅游提供产品，供观赏、采摘、品尝、购买等。

（二）海南油茶产业发展现状

据不完全统计，截至2019年底，海南省油茶的种植面积为11.52万亩，其中约有6万亩的油茶林投产。由于海南省油茶良种推广种植刚刚起步，现已投产的油茶林多数为低产林，其中大部分为实生林，导致整体产量偏低。

海南油茶民间使用历史悠久，经长期实践可知，具有多种神奇的药用保健功效。海南许多地区将茶油视为家庭必备的餐桌佐料和保健药用的珍品，需求量逐年增加，产量一直供不应求。

海南省油茶产区的部分市县政府已将发展油茶产业作为实现农林产业结构优化，增加农民收入的重要特色生态产业发展策略。受油茶产业良好经济效益的驱动，海南涌现出一批专门从事海南油茶种苗的培育、种植、加工为主导的企业及人员。2008年以来，海南省政府高度重视特色油茶产业发展，连续出台《关于大力发展林下经济促进农民增收的实施意见》《海南省人民政府办公厅关于加快木本油料产业发展的实施意见》《海南油茶产业规划2017—2025》等系列政策文件支持油茶产业发展，将发展种植海南油茶作为发展林业经济以促进农民增收的十大项目之一。在政府大力支持下，油茶已成为海南省大力发展特色经济作物和朝阳产业的树种。目前，海南生产油茶种苗的苗圃已有20多家，其中11家苗圃拥有油茶良种。茶油加工点主要分布于海口、澄迈、定安、琼海、屯昌等5个市县，但多为家庭小作坊生产。受海南本地茶籽产量低影响，各作坊的产油量偏低，但随着茶籽产量的逐步提升，茶油加工产业潜力巨大。

1. 科研起步晚，产业的科技贡献率低

海南油茶产业现代科研起步晚，对科技创新不够重视，相关研究的科技投入不够，对海南油茶产业发展的科技关联性贡献较小。目前，已认定的23个油茶良种尚未配套高产的栽培技术，导致良种未能体现出最佳种植效果，现有油茶低产林改造等技术在海南油茶实际生产中贡献率不高。

2. 种苗执法力度弱，产业的引导规范力度弱

种苗执法力度弱，部分油茶苗圃的种苗生产经营管理制度落实不到位。苗圃的标签、自检、检疫、生产经营记录等各项制度流于形式，生产经营档案缺失严重。大部分生产经营者在购买或销售油茶穗条时，未签订合同，未注明穗条的来源，影响了后期苗木品质的可追溯性。加上缺乏引导及必要的技术指导，海南传统的油茶种植地，未使用经过选优的油茶品种，甚至部分使用了实生苗，导致海南油茶老林、低产林面积广，很多不结果或结果少。

3. 林农信心弱，种植的积极性不高

油茶产业收益相对周期较长，需要放长线。而现投产的海南油茶林分产量极低，无法实现短期收益，难以带动农户油茶种植的积极主动性。加之近年槟榔等热带经济作物的价格较高，市场的价值杠杆作用使得普通林农的种植关注点又重回槟榔等经济作物，油茶种植难以形成规模。

4. 龙头企业少，品牌效应不足

海南现有油茶加工缺乏规模化品牌企业的资源整合与带动，多是分散式家庭小作坊或小微企业的形式，其产品加工的硬件设备、加工主体的水平相当滞后，精深加工能力不足，油茶原料加工利用率不高，经济效益差，不足以支撑品牌战略的实现。海南本地产的茶油以自产自销为主，多在民间流通，且供不应求，这既说明海南油茶产业具有很大的发展潜力，也说明海南的油茶发展尚未形成“走出去”的产业规模。

（三）海南油茶产业发展潜力

1. 海南省具有种植油茶的独特热带自然条件

经调查，海南琼海市等地区生长有上百年的油茶树，实例表明海南是适宜油茶栽培的种植区。海南独特的热带生态环境和气候条件，为油茶更快生长、更早挂果，提供了适宜的热量和光照保障，促使海南油茶比内地普通油茶盛果期更长且单产更高。初步估算，海南适宜发展油茶种植产业的土地面积高达3×10^4公顷，油茶产业发展空间巨大。

2. 海南省种植油茶具有生态效益与经济效益的双重优势

油茶耐土壤瘠薄能力强，不占用粮棉用地，且盛产期长达近百年，具有保护环境、绿化山林、防止水土流失等生态效益，也能起到优化农林产业结构、拓宽农户增收途径、加快社会经济增长的经济效益。海南中西部山区丘陵地带种植油茶既保护了生态环境，又帮助部分农民脱贫致富，符合绿色生态农业可持续发展的要求。

海南热带油茶比内地油茶的品质更优，价格也相对较高，一般为500～1 000元/千克，更能满足自贸港发展中人们对高品质油品的需求。以优良种质的油茶林的亩产收成为例，油茶种植户每年每亩油茶的收入为9 000元。油茶种植已然成为海南老百姓与企业高度关注的特色产业，为乡村振兴持续发力。

海南山柚油是健康食用油，具有药用保健功效，享有良好的群众基础和知名度。充分挖掘海南油茶元素，促进海南油茶产业与康养产业深度融合，实现生态、经济效益双丰收，将是海南特色油茶产业发展的机遇和亮点。

3. 海南油茶产业发展的良种保障

海南省目前已认定油茶良种23个，分别为万海1号、万海3号、万海4号、海大油茶1号、海大油茶2号、海大油茶4号、海油1号、海油2号、海油3号、海油4号、热研1号、热研2号、琼科优1号、琼东2号、琼东8号、琼东9号、海林1号、海林2号、侯臣1号、侯臣3号、海科大1号、海科大2号、海科大3号。未来海南省将对这23个已认定油茶良种，推出审定品种，完善种植规范，建立油茶定点采穗圃及油茶保障性苗圃，从源头保证种苗质量，为油茶高产保驾护航。

（四）海南油茶产业发展前景

1. 国家安全和国民健康消费需求

我国食用油67%依赖进口，国家食用油安全问题严峻。国务院高度重视国内食用油发展问题，大力发展本土天然的木本油料作物是一项惠及国计民生的布局。国务院办公厅于2007年、2008年、2014年相继出台关于促进油料生产发展的系列意见，明确油茶及其他特种油料作物的产业发展方向。随着国民生活水平的日益提高，健康饮食的消费理念日趋突显。茶油作为保健食用油，必将逐渐成为国民健康消费的主要食用油之一。

2. 海南特色油茶产业的发展机遇

在稳步推进中国特色自由贸易港建设的重大发展机遇期，海南将不断深化改革开放，与国内外经济、文化、信息、科技等领域的交流更加深入，吸引更多新型技术企业入驻海南，海南油茶产业也将迎来重大发展。一是新型技术企业有助于提升油茶的深加工、精加工技术，充分挖掘油茶衍生产品的开发。二是新型现代企业的文化战略以及对多种媒体的融汇开拓，有望与传统的文化传媒企业联手推进打造海南油茶的品牌，提升产品包装及设计理念，向多元化的海内外消费群体推介海南油茶的医用与食用功能。三是自由贸易港关于购买免税产品的优惠政策，有助于吸引更多的高消费群体聚集海南，一定程度上整体提升对高端产品的购买力。这在很大程度上有助于拓宽价格相对较高的海南油茶的销路，推动海南特色农林产品的贸易交流，提高油茶产业的经济效益。

3. 科技对海南油茶的支撑

海南热带油茶具有特殊的生态地域性，与其他省份的油菜地方品种在生长栽培、含油品质、药用成分等方面有所区别，充分利用本地丰富的热带油茶资源，选育推广优良品种并集成高产栽培体系，从基因组、蛋白质组、油品质成分等深度分析挖掘海南油茶特异性，开发出系列高品质精致产品，通过海南大学、中国热带农业科学院、海南省农业科学院、海南省林业科学研究院等油茶科研力量，整合技术优势和创新资源，促进科研与生产紧密衔接，与企业一同打造热带油茶高效农业品牌。

六、海南花梨产业发展分析

（一）花梨概况

花梨（*Dalbergia odorifera* T. Chen）学名为降香檀或降香黄檀，又名降香、降香檀、花梨木、花梨母等，豆科黄檀属常绿乔木，喜光、喜温，一般生长于600米以下低海拔的山地疏林或村旁旷地，是海南特有种、国家二级保护植物，现已被引种至广东、广西、云南、福建等地（图4-6）。

图4-6　花梨

花梨为半落叶乔木，高10～25米，胸径可达80厘米。树冠广伞形，分枝较多。树皮浅灰黄色，略粗糙。小枝具密极小皮孔，老枝有近球形侧芽。奇数羽状复叶，卵形或椭圆形。圆锥花序腋生，由多数聚伞花序组成，花淡黄色或乳白色。

花梨为中国古代四大名木，被列为海南五种特类材之首。花梨的价值，最主要体现在它的心材上，其树种生长7～8年才会形成心材，30年后才能形成商品材，树龄越大，心材越粗，价值越高。花梨心材多呈红褐色，坚实而重，不易变形，花纹形式多样，如行云流水，是制作高级家具、工艺品、乐器等的上等材料。

花梨心材焚烧后能散发沁人心脾的花香、蜜香、果香、木香等，有“一木五香”之说，是一种优秀的抗皱化妆品原料之一，用作清凉、收敛、滋养、润肤，具有抗氧化和抗皱紧致等作用，是优秀的香料定香剂。

花梨还可入药，它是国家药典记载的名贵南药药材，药用部分被称为花梨格或降香木，主要是指其树干和根部的心材部分。花梨木材经蒸馏后获得的降香油，具有行气止痛、止血活血的功效，可用于应对心胸闷痛、脘胁刺痛等病症，外治跌打出血，是临床常用制剂如冠心丹参片、乳结消散片、复方降香胶囊等中成药的主要原料，在食品工业和医药行业均发挥着重要作用。

（二）海南花梨产业发展现状

1. 花梨种植

为发展热带特色产业，海南大力推广种植包括花梨在内的乡土珍贵树种。截至2020年底，海南已种植花梨15万余亩，仅东方一市就种植花梨超过1 000万株，东方因此被国家授予“中国花梨之乡”称号。种植规模最大、集中成片的是位于东方和乐东交界处的花梨谷景区，该景区连片种植花梨8 000多亩。

在海南岛，野生花梨历史上主要分布于东方、乐东、白沙、昌江、琼中、保亭、三亚、澄迈、儋州、屯昌、临高、琼山、定安、琼海、文昌；其主要生长地则集中于海口、东方、昌江、乐东、白沙、三亚6个市县内。

海口市琼山区位于海南岛的北部，该地区土壤多属于火山岩发育土壤，有机质多，土壤呈黑色。业界人士普遍反映，位于海口市羊山区出产的花梨树，其木材在海南岛所产花梨木中纹理最丰富，极具审美价值。

东方市是海南花梨的另一重要产地，其地理位置处在海南岛西部偏南的沿海地带，拥有丰富的热带原始森林资源。目前，花梨树是东方市的特色树种，加上近年政府鼓励人工种植，东方市的花梨树种植面积和种植数量已居海南省之首。

昌江县位于海南岛西北部，该县现为黎族自治县，县内东部和东南部多丘陵山地，生长着丰富的热带原始森林，花梨树分布较多，主要产于霸王岭、石碌、王下、七差等地。

乐东县位于五指山西部腹地，是花梨树另一主要产地。野生花梨树最著名的产地为尖峰岭，尖峰岭拥有2.4万亩原始热带雨林，野生花梨树大多分布于尖峰岭周边的山坡和丘陵低地。

白沙历史上也生长有一定数量的野生花梨树，该县位于海南省中部偏西，属于黎母山中段，南渡江上海地带，为热带季风性雨林气候，野生花梨树多分布在大岭、白岭、邦溪、红岭等地。

三亚市历史上也是野生花梨树主要产地之一。三亚位于低纬度地带，受海洋性气候影响大，常年日照时间长，气温高，热量丰富，野生花梨树主要生长在丘陵台地。

2. 花梨加工

据不完全统计，目前海南从事花梨加工业务的企业（含小作坊）有650多家，年产花梨制品及工艺品2.6万余件，年产值约2.9亿元。

海南花梨谷茶业有限公司以花梨叶为原材料，致力于花梨系列茶品的研发，加工生产花梨红茶、黑茶、白茶、黄茶等系列产品。每年从周边村庄雇用近10 000人次的劳动力进行茶叶采摘、生产，不仅解决了当地就业问题，也让当地村民学到了制茶技术，增加了收入。

海南花梨谷文化旅游区不断做精做细花梨产业链，充分发挥黄花梨的价值，丰富花梨产业业态，通过创新“林业+旅游”融合发展的模式，可打造以森林康养、温泉度假为主的旅游新业态。

3. 花梨贸易

目前，海南花梨老料价格为4 000～40 000元/千克不等，新料价格为200～2 000元/千克不等。直径30厘米以上、长3米以上的花梨心材市场价更高。

现在好的花梨木材达到几千元甚至上万元，需求量非常大。海南花梨价格在近几年频频暴涨也是因为海南花梨原材料紧缺导致的，再加上近几年中国仿古家具的兴起，古典家具也成了一种时尚，大量的仿古家具商业也迅速发展起来。不过，海南花梨价格暴涨也有炒作的嫌疑，海南花梨原材料的稀缺导致商家的供求紧缺，也就大大炒起了价格，但是海南花梨真正的销量却没有因此而增加，主要是因为海南花梨木产量少，大多数被作为奢侈品购买的也仅用于收藏，所以虽然海南花梨价格被炒得火热，但是真正购买的却只是一些收藏家。

4. 花梨标准制定

《中华人民共和国药典》（2015年版）规定降香挥发油含量不得少于1.0%（毫升/克）；国家林业和草原局制定发布了《降香黄檀培育技术规程》（LY/T 2120—2013）。海南省质量技术监督局制定发布了《降香檀种子、种苗》（DB46/T 199—2010）、《降香檀栽培技术规程》（DB46/T 200—2010）、《降香黄檀育苗技术规程》（DB44/T 1141—2013）、《降香黄檀（海南黄花梨）心材鉴定规程》（DB46/T 328—2015）等。

目前，花梨人工林培育过程中普遍存在干形发育不良、营养不均衡、心材形成晚等问题，缺乏优质干材的科学调控技术、林下复合栽培技术等，严重制约了花梨的产业化发展。

（三）海南花梨产业发展前景

在海南流传着这样一种说法：世界花梨看中国，中国花梨看海南。自古一木难求，价比千金，指的就是海南花梨。

优越自然条件让海南花梨具备高品质与道地性，可实现规模化种植。海南花梨喜高温，能够适应北热带及南亚热带部分地区的岩溶石山生长环境。它的生长也相对变得较快，材质也相当优良，而且自己就能够进行天然更新，这也使得其种植、推广具有很大的发展前景。

相关数据显示，我国海南花梨行业成交量已经达到1 100亿元，并不断处于上涨趋势。这不仅意味着海南花梨市场投资已经进入白热化，也意味着海南花梨现在已经成为重要的艺术投资品。相对于此前叱咤于市场的房产行业、股市、重金属行业等，海南花梨收藏行业因为其前景光明的收藏价值获得了越来越多的关注与青睐，海南花梨也成为众多投资者稳定获取收益的最佳选择。从未来投资领域来看，海南花梨藏品可选择性多，风险小、升值快，再加上其独特的历史文化底蕴及养生魅力，将会有更大的发展前景。

第五章

热带林下经济产业科技成果

一、橡胶林下经济产业技术成果

（一）橡胶树品种

1. 热垦628橡胶树

成果介绍 热垦628橡胶树是以IAN 873为母本、PB 235为父本进行杂交而来的优良新品种（图5-1）。

主要性状 叶篷弧形，篷距较长。大叶柄平直、粗壮且平伸。小叶枕膨大约1/3；小叶柄中等长度，有浅沟，上仰。叶片椭圆形，叶基楔形，叶端锐尖，叶缘无波，主脉平滑；叶片肥厚，有光泽，三小叶分离。生长快，立木材积蓄积量大。高比区开割前生长非常快，茎围年均增粗可达8.67厘米，可提前1年开割，立木蓄积量大，10龄树材积能达到0.31米^3。产量高，抗逆性强，适应区域广。高比区前4割年平均干胶含量（干含）达28.0%，株产和单产明显优于对照RRIM600，分别为对照的146%和169%。在云南孟定植胶区，1～11割年平均株产5.92千克，亩产90.6千克，分别较对照GT1增产83.8%和46.3%。抗平流型寒害表现好，抗风性与PR107基本相当，死皮率较低。该品种在海南、云南、广东的中、轻逆境植胶区均有应用且整体表现出显著速生、产量高等特点。单干窄冠幅突破性品种。具窄冠疏透结构，在主要品种中林下透光性最好，非常适宜橡胶树全周期胶园间作，其中

图5-1　热垦628橡胶树

“橡胶-南药”模式增收明显。

适宜区域 海南中西部、广东雷州半岛、云南Ⅰ类植胶区等。

成果亮点 热垦628橡胶树是我国生长最快、宜间作型胶木兼优的品种，具有产量高、生长快、单干窄冠幅利于间作等典型特点，是国家南亚热作主导品种和云南农垦主推品种，也是最具推广潜力的橡胶树新品种之一，2023年入选农业农村部主导品种。目前在海南、云南等我国主要植胶生态区均有适应性试验区，通过以点带面的模式，该品种的推广面积快速增长，截至2023年，推广面积近10万亩，成为我国最重要的新一代品种之一；其在海南的平均亩产约为100千克，较对照品种平均增幅达15%以上。该品种的推广应用，进一步推动了我国植胶区的品种结构优化，并为发展胶园林下经济提供最重要的品种保障，为植胶业的提高产业竞争力和调整升级提供有力支撑。热垦628橡胶树2013年获品种审定（热品审2013001），2019年获品种登记［GPD橡胶树（2019）460003］。

成果单位 中国热带农业科学院橡胶研究所。

2. 热研917橡胶树

成果介绍 热研917橡胶树是以RRIM600为母本、PR107为父本进行杂交而来的优良新品种（图5-2）。

主要性状 苗期特征为叶痕马蹄形，托叶痕平伸，芽眼近叶痕。叶蓬圆锥形至半球形，叶蓬长，蓬距较短，疏朗。大叶柄较长，平伸，叶枕较长，顺大，上方平，嫩枕紫红色。小叶柄中等长度，两侧小叶柄上仰，小叶柄膨大1/2。叶片倒卵状椭圆形，叶缘具小至中波，叶面不平，3小叶显著分离。热研917橡胶树产量高，平均年产干胶3.95千克/株，亩产97.8千克，分别比对照RRIM600和PR107增产78.7%和68.6%，生长较快，具有较强的抗风和恢复生长能力。

适宜区域 海南植胶区推广种植；云南Ⅰ类植胶区扩大性试种。

图5-2 热研917橡胶树

成果亮点 热研917橡胶树是我国抗风高产代表性品种，也是我国现阶段最重要的新品种之一，入选了“十三五”期间热带南亚热带作物主导品种。抗风性较抗风对照高29.1%，产量高32.3%；同时该品种也适宜胶园林下间作。目前，该品种在全国各植胶区均有试种示范区，其推广面积超过6万亩。热研917橡胶树2000年获品种审定（国审热作20000005），2018年获品种登记［GPD橡胶树（2018）460002］，并获植物新品种权（CNA007793G）。

成果单位 中国热带农业科学院橡胶研究所。

3. 热研7-33-97橡胶树

成果介绍 热研7-33-97橡胶树是以RRIM600为母本，以PR107为父本进行杂交而来的优良新品种（图5-3）。

主要性状 叶蓬半球形或圆锥形，较长。大叶柄较软，小叶柄长度中等，膨大约1/2，紧缩区明显。叶缘具小至中波浪，3小叶显著分离；茎干稍弯曲，叶柄沟较浅，枝条下垂。热研7-33-97橡胶树产量高，高级比较试验区，1～12割年平均株产干胶4.58千克，平均干胶产量1 983千克/公顷，分别比RRIM600高44.2%和49.0%。生长较快，林相整齐，开割率高，开割前年均茎围增长7.51厘米，为对照RRIM600的118.1%；开割后年均茎围增长1.94厘米，显著高于对照RRIM600（1.46厘米）。抗风能力强，白粉病发病率较低。

适宜区域 海南植胶区，广东、云南Ⅰ类植胶区推广种植；广东、云南Ⅱ类植胶区。

图5-3 热研7-33-97橡胶树

成果亮点 热研7-33-97属于早熟高产品种，入选了农业部“十一五”“十二五”南亚热带作物橡胶树主导品种，同时也是海南省橡胶树良种补贴主导品种之一。截至2023年，推广面积320万亩，其在海南、广东面积占比达到37%、40%，成为我国最重要的橡胶新品种；较对照品种平均增幅达15%以上，依托该品种累计创造产值97.2亿元，通过增产增效创造纯收益12.15亿元。该品种的推广应用，推进了我国植胶区的良种化，并成为当前海南民营胶园、广东农垦绝对主导品种，是海南民营90%以上更新胶园的选用品种，在海胶集团的推广面积也稳步提升；以品种栽培、管理、施肥、割胶技术等配套措施集成的科学建园、管园的标准化技术体系也在稳步推广，应用比例超过70%，明显提升了产业科技水平。

热研7-33-97橡胶树1995年获品种审定［（95）农科果鉴子015号］，2018年获品种登记［GPD橡胶树（2018）460001］；“橡胶树品种热研7-33-97大面积推广应用”获2013年中国产学研合作创新成果奖一等奖；“所地（企）合作推动橡胶树良种热研7-33-97示范与产业化”获2016年全国农牧渔业丰收奖一等奖；“橡胶树热研7-33-97推广应用”获2009年海南省科学技术奖特等奖。

成果单位 中国热带农业科学院橡胶研究所。

4. 湛试873橡胶树

成果介绍 湛试873橡胶树是IAN873自交选育的优良新品种（图5-4）。

主要性状 树干圆滑直立，树冠卵圆形，叶蓬截顶圆锥形，叶痕心脏形，叶片倒卵形，顶/端部芒尖，基部楔形，叶色深，三小叶分离。植后8年达到开割标准，开割后茎围年平均增粗2厘米。湛试873橡胶树产量比93-114高50%以上，抗风性和93-114相等，抗寒性比93-114差、比南华1强。湛试873橡胶树抗寒性较强、产量较高，抗风性较差，易爆皮流胶。

图5-4 湛试873橡胶树

适宜区域 海南植胶区，广东、云南Ⅰ类植胶区推广种植；广东、云南Ⅱ类植胶区。

成果亮点 湛试873橡胶树植后8年达到开割标准，预期效益产量上比93-114（早期主推抗寒品种平均亩产25.95千克）高50%以上；其优点是抗寒性较强、产量较高，适宜在广东湛江、茂名和阳江中风中寒区春秋种植。目前正处于推广阶段。湛试873橡胶树2017年获植物新品种权证书（CNA20170607.4），2022年获品种登记［GPD橡胶树（2022）440001］；“橡胶树抗寒优异种质创制技术与应用”获2023年获批海南省技术发明二等奖。

成果单位 中国热带农业科学院南亚热带作物研究所、中国热带农业科学院湛江实验站。

5. 湛试4961橡胶树

成果介绍 湛试4961橡胶树是湛试334-5（母本）与IAN873（父本）进行杂交选育的优良新品种（图5-5）。

图5-5 湛试4961橡胶树

主要性状 早熟品种，树冠扁圆形。叶蓬弧形，叶痕心脏形。叶片倒卵形，顶/端部芒尖。基部渐尖，叶色深。三小叶显著分离。胶乳颜色白。植后8年达到开割标准，开割后茎围年平均增粗2厘米。湛试4961橡胶树寒害级和4级受害率分别比93-114重0.20～0.97级和0.49%～27.27%，抗寒性中等偏上。湛试4961橡胶树风害级别和断倒率分别比93-114重0.02～0.38级和0.49%～7.82%，抗风性中等。

适宜区域 适宜在广东的湛江、茂名和阳江地区的中风中寒区春秋季种植。

成果亮点 湛试4961橡胶树植后8年达到开割标准，干含为27.23%，正常割胶第一年平均亩干胶产量30.88千克，第二年平均亩产45.65千克，预期效益比93-114（早期主推抗寒品种平均亩产25.95千克）高30%以上，其优点是产量较高，目前正处于推广阶段。湛试4961橡胶树2022年获品种登记［GPD橡胶树（2022）440004］；“橡胶树抗寒优异种质创制技术与应用”获2023年获批海南省技术发明二等奖。

成果单位 中国热带农业科学院湛江实验站、中国热带农业科学院南亚热带作物研究所。

6. 湛试8673橡胶树

成果介绍 湛试8673橡胶树（图5-6）是天任31-45与PR107进行杂交选育的优良新品种。

主要性状 树干圆滑直立，叶蓬半球形，叶痕心脏形。叶片椭圆形，顶/端部芒尖。基部渐尖，叶色中。三小叶显著分离。胶乳颜色白。植后8年达到开割标准，开割后茎围年平均增粗2厘米。干胶含量：正常割胶平均干含26.30%。干胶产量：正常割胶第一年平均亩产量17.23千克，第二年平均亩产21.58千克。湛试8673橡胶树抗寒性强，相等于93-114，抗风性较强；主要缺点是易感白粉病，须加强防控。

适宜区域　适宜在广东的湛江、茂名、阳江、揭阳和汕尾地区的中风中寒区春秋季种植。

成果亮点　湛试8673橡胶树抗寒性与强抗寒品种93-114相当，产量比93-114稍高，抗风性较强，在广东的湛江、茂名、阳江、揭阳和汕尾地区的中风中寒区春秋季已有推广种植。湛试4961橡胶树2017年获植物新品种权证书（CNA20170608.3），2022年获品种登记［GPD橡胶树（2022）440003］；“橡胶树抗寒优异种质创制技术与应用”获2023年获批海南省技术发明二等奖。目前正处于推广阶段。

图5-6　湛试8673橡胶树

成果单位　中国热带农业科学院湛江实验站、中国热带农业科学院南亚热带作物研究所。

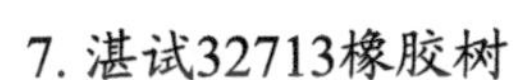

7. 湛试32713橡胶树

成果介绍　湛试32713橡胶树是以93-114为母本、PR107为父本杂交选育的优良新品种（图5-7）。

主要性状　树干圆滑直立，树冠稍大，分枝匀称，叶形倒卵形，叶片颜色较深绿有明显光泽，三小叶显著分离。幼树期平均年增粗5.81厘米，割胶后平均年增粗2.96厘米；胶乳白色，干胶含量27.42%以上，第一割年亩产干胶17.31千克，第二割年亩产干胶22.96千克，比93-114高13.23%。湛试32713抗风中等，白粉病和炭疽病中感，棒孢霉落叶病中抗；树皮

图5-7　湛试32713橡胶树

软、易割，不长流。湛试32713橡胶树生长较快，抗寒性强，抗风性中等，适宜在中重寒植胶区种植。目前，湛试32713抗寒高产品种在我国中重寒植胶区推广应用6.53万亩，成为我国中重寒植胶区老旧低产胶园更新的主栽品种，为保障中重寒天然橡胶保护区面积作出了重要贡献。

适宜区域 适宜在广东中高寒生态类型区的化州、廉江、高州、阳江等地种植。

成果亮点 湛试32713橡胶树已在广东中高寒生态类型区的化州、廉江、高州、阳江等地进行推广种植6.5万多亩，逐步开割。新时代农场湛试32713第1～4割年的株产分别为0.28千克、1.50千克、1.80千克、1.81千克，干胶含量分别为29.7%、23.3%、27.0%、26.1%；胜利农场12队湛试32713前3年平均株产0.82千克，平均干胶含量为23.7%。1～4割年平均产量比93-114产量增产10%以上。目前已开割面积约20 000亩，在2018—2020年总产量约500吨，增产干胶达50吨，新增产值约65万元。2021年入选广东省主推品种，成为广东新一代胶园建设的主推品种之一，一定程度上缓解了广东植胶区抗寒高产品种的缺乏问题，逐步实现了对广东中高寒植胶区老品种的更新换代。湛试32713橡胶树2014年获植物新品种权证书（CNA20140943.0），2020年获品种登记［GDP橡胶树（2020）440001］；“橡胶树抗寒优异种质创制技术与应用”获2023年获批海南省技术发明奖二等奖。

成果单位 中国热带农业科学院湛江实验站、中国热带农业科学院南亚热带作物研究所。

（二）橡胶树林下间作模式

1. 全周期胶园林下高效种植模式

成果介绍 本模式针对我国植胶区传统橡胶林林下光照和空间条件差，林下可间作模式少且难以持续，极大程度限制林下经济发展的现状，开展了适宜发展林下经济的全周期间作模式胶园建设研究（图5-8、图5-9）。以保障单位面积天然橡胶产量不显著降低为前提，调整橡胶树种植模式，重新配置胶园林下光照、空间资源，大幅优化林下间作环境。

图5-8 全周期胶园林下高效种植茶叶

图5-9 全周期胶园林下高效种植火龙果

技术要点　与常规胶园相比（如株行距为3米×7米；32株/亩），全周期间作模式胶园采用窄冠直立的橡胶新品种（如热研7-20-59、热垦628等）结合宽窄行（宽行行距20米，窄行行距4米，株距2米；28株/亩）进行定植，推荐东西行向种植，可根据地形和作物生长特性进行适当调整。在成龄前（前7～8年），可间作香蕉、辣椒、山兰稻、南瓜、大豆、五指毛桃、牧草、竹芋等喜光和较喜光的作物；成龄后的8-10-15年期间可间作如斑兰、地不容、牧草等半阴性作物；后期可间作魔芋、益智、砂仁等耐阴和喜阴作物。或可直接在幼龄期间种植油茶、椰子、沉香等长期作物。全周期模式胶园林下光照环境更稳定、透光率更高、土地利用率更多、胶园管理更简便、间作年限更长、间作作物种类更多，为解决长期困扰国内外的胶园长期间作难题提供了成功范例。

成果亮点　本模式针对常规等行距胶园因光照和空间限制导致间作周期短，以及可间作模式少而难以可持续、高效地提高我国植胶生产效益等问题，能在保障橡胶单位面积产量的情况下，有效地延缓或阻止行间橡胶树冠层郁闭进程，为植胶者拓宽了开展间作生产的空间，与常规胶园相比，在幼龄期可提高23.8%的胶园土地利用率，且胶园遮阴效果大幅降低，间作年限更长，间作的作物种类更多，可实现长期间作香蕉、菠萝、五指毛桃、斑兰叶、魔芋、油茶、牧草等多种作物，为解决长期困扰国内外的胶园长期间作难题提供了成功范例。

本模式2016年入选农业部“十三五”主推技术。2022年海南省农业农村厅联合海南省林业局印发《关于加快推进橡胶全周期间作模式的通知》，在海南大范围应用推广，云南和广东植胶区也进行推广。现已推广面积约6万亩，推广主体为国营农场，少量民营集体胶园亦有应用。当前主要配套间作香蕉、南瓜、辣椒、咖啡、菠萝、斑兰叶等短期经济作物。全周期间作模式的核心是采用窄冠直立的品种并优化种植方式，并推荐在平地和缓坡地中应用，从而发展橡胶多元复合种植模式增加收益。根据配套间作物，一般效益可提升3 000～4 000元/亩。

成果单位　中国热带农业科学院橡胶研究所。

2. 橡胶林牧复合种养结合循环农业模式

成果介绍　林-草-畜绿色产业链是新型现代化生态草畜产业之一，强调“生态-经济-社会复合系统”的协同发展，突出森林、草地生产功能和生态功能的合理配置，创建海南林—草—畜绿色产业链是践行“绿水青山就是金山银山”的重要举措。本模式是根据橡胶林下环境和气候条件，以刈割型、放牧型优良品种牧草为间作对象，在橡胶林下建植人工草场，结合胶园生产管理措施，配套草食为主的畜类牧养技术，构建橡胶林牧复合种养结合循环农业系统，优化集成典型区域橡胶园林-草-畜循环利用生态农业模式的综合性解决方案（图5-10、图5-11）。

图5-10　橡胶林牧复合种养结合循环农业模式

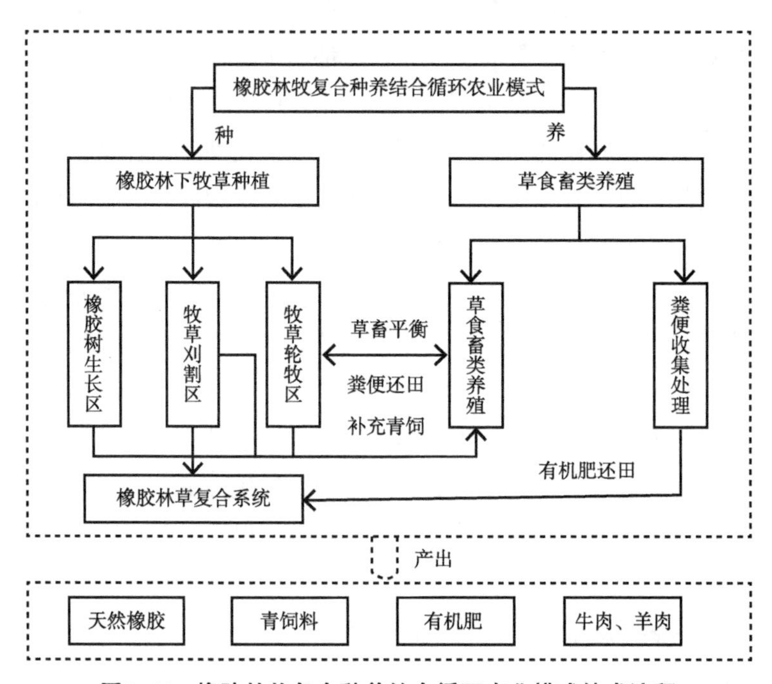

图5-11　橡胶林牧复合种养结合循环农业模式技术流程

技术要点　①橡胶林地选择：林地选择离水源近、与居民生活区距离200米以上区域；刈割型牧草种植区宜选择透光率大于50%林段，以利于牧草保持高营养和产量，可机械化；适牧型牧草轮牧区宜选择橡胶树龄3龄以上、透光率50%以上林段以利于畜类轮牧及牧草生长，地形坡度小于45°。②牧草种植及养护：首次种植牧草需要清除杂草、浅耕、施底肥，按照不同类型牧草播种方法距离植胶行1.5米进行草场建植，多种类牧草配合，以达到营养均衡效果；适时进行刈割、有序轮牧，除需要及时除杂、补种以外，生产期间注意雨季补肥夏季补水进行养护。③草食畜类养殖：根据动物采食习性、采食量及生活习惯配套辅助设施以便规模化和标准化管理，如饲养海南黑山羊需要配置高架羊栏，小黄牛需配置简易挡雨棚；通过结合小群体分批轮牧为主，定时、定量补充水、盐和补饲精料为辅的“牧养+补饲”养殖方法进行生态养殖，及时进行动物疫病防治；采用发酵床垫料或集中堆肥发酵的方法处理粪便生产有机肥，并将有机肥还园，以用于牧草、橡胶树生长。④胶园牧场管护：橡胶生产区域（植胶行）与牧草种植区域（宽行行间）分开管理，1～3龄胶园由于不能进行放牧活动，其植胶行需要进行常规除草、施肥、压青处理，牧草种植区域适时收获，以免影响橡胶树生长；在轮牧期间，应结合割胶生产活动进行放牧，有序错开割胶生产时间段；牧场封育期间尽量避免动物进场采食牧草。

成果亮点　随着人们生活水平提高，新鲜牛、羊肉成为生活必需品，立足实际需求，优化利用土地资源，发挥草学学科优势，联合畜牧学、林学、农学等领域科技力量，创建海南林-草-畜绿色产业链，保障新鲜牛、羊肉高效供给。全周期间作模式胶园是一种利于发展林下种植（养殖）多元化经营的新型胶园生产模式，不但可以解决海南对鲜奶/肉的需求，创新海南林-草-畜绿色产业链，也能助力天然橡胶产业的升级。

成果单位　中国热带农业科学院橡胶研究所。

3. 橡胶林下发展林-蜂特色产业模式

成果介绍　充分利用丰富的天然橡胶林下资源，在橡胶林下发展林-蜂特色产业，可提高橡胶附加值，增加胶农、蜂农收入（图5-12）。

技术要点　①品种选择：海南中华蜜蜂。②蜂箱排列：应选择阳光可以照射进林地的位置，根据地形、地物分散排列，各群的巢门方向尽量错开。③蜂群移动：蜂群安置好后不能随意移动。如需要变动位置时，只能以每天0.5米的距离逐渐移动，而且巢门方向不能改变。④蜂群检查：应通过全面检查、局部检查、箱外观察等方法对蜂群进行了解。⑤蜂群合并：应将失王群或弱群合并成强群，促使其正常发展和采集。⑥人工分蜂：应从一群或几群中，抽出部分工蜂组成新蜂群繁殖。⑦饲喂：当外界蜜粉源不足或中断时，或者为了加速蜂群的繁殖，应进行人工饲喂。

图5-12　林-蜂特色产业模式

蜂蜜生产技术要点和流程如下。①蜜蜂管理：在大流蜜前期，更换新蜂王，并利用自然花粉通过奖励饲喂分离蜜的方式，培育适龄采集蜂；允许使用中药材或中成药，防治蜜蜂各种疾病，建立并保存全部用药记录；保持每月清理一次蜂箱、蜂场卫生，并保存清理记录；在蜂蜜生产过程中，不得向蜂群饲喂或向巢脾直接灌装人工合成糖浆等物质。②蜂蜜生产：蜜蜂采蜜，蜜蜂完成酿造过程，用蜂蜡将储蜜的蜂房口封住，封盖面积超过95%，经过巢内蜜蜂脱水15天后，封盖蜡颜色发暗。蜜脾存放在干燥（湿度50%～55%）、通风、恒温（38～40°C）自然脱水，将蜂蜜水分降至17%以下。③蜂蜜储运：贮存场地应清洁卫生、远离污染源、防潮湿、防暴晒，温度不超过40℃。不得与有毒、有害、有异味的物质一同储运贮存。

成果亮点　“企业+合作社+农户”产业经营模式、林下空间合理布局利用模式、绿色高产栽培模式和品牌培育模式等，通过培育壮大区域主导和多种特色林下作物、动物和微生物绿色生态产业，达到示范和辐射带动效果。结合橡胶林下其他蜜粉源作物种植模式，在橡胶林地发展“林-蜂”特色产业，实现蜜蜂养殖生产与蜂蜜采集一体化，建立健全林下蜂产品质量标准和产品检测体系，提升林下蜂产品知名度和影响力。

成果单位　中国热带农业科学院环境与植物保护研究所。

4. 橡胶林下食用菌轻简化栽培模式

成果介绍　利用海南丰富的农林秸秆废弃物作为食用菌栽培基质，在橡胶林下开展轻简化栽培，在绿色高效处理农林秸秆的同时实现了农林秸秆的变废为宝；依托橡胶林天然的遮阴条件，开展林下食用菌栽培，既充分利用了橡胶林下富余的光热资源及空间，也节省了露天栽培中搭建遮阳网的投入；同时，生产食用菌后的菌渣能有效培肥胶园土壤，促进橡胶生长（图5-13、图5-14）。

图5-13　橡胶林下食用菌轻简化栽培模式

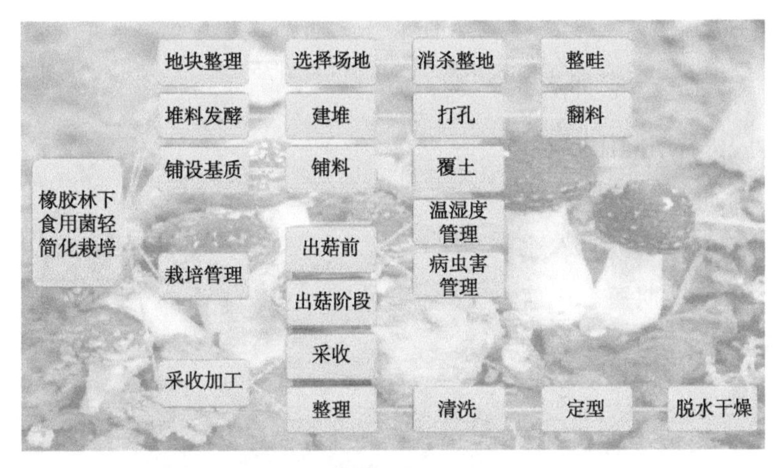

图5-14　橡胶林下食用菌轻简化栽培模式流程

技术要点　①地块整理：应选择地势平缓、排灌方便、有洁净水源、无污染源、荫蔽度高的橡胶林。栽培前清理地面杂草，喷一遍低毒低残留杀虫剂、杀菌剂，并浇水。垫畦，在整理好的地面铺撒生石灰。②堆料发酵：就地取材，主料一般包括木屑、稻草、谷壳、瓜菜藤蔓秸秆等，辅料一般包括麦麸、豆粕、米糠、玉米粉、石膏等。将料堆成发酵堆。打孔，改善料堆的透气性，保持堆内温度60～70℃，发酵好的栽培基质中有大量白色高温放线菌，无酸臭味，质地松软时可用于栽培。③铺设基质：在橡胶林下铺设栽培基质的垄宽控制在60～80厘米为宜，培基质用量为6～8吨/亩，菌种用量为600～800袋/亩。覆土厚度3～5厘米，土壤含水量20%～25%。④出菇前栽培管理：料温高于30℃时要注意通风，在畦面浇水降温；畦面干燥时也应浇水保湿。栽培料过干及时补水，栽培料过湿、菌丝细弱色黄，可对栽培料穿孔导通氧气，刺激菌丝复苏复壮。若有白蚁等虫害，应及时防治。及时清理杂草、杂菌。⑤出菇阶段栽培管理：相对湿度为90%～95%。干燥时要注意菇床的保湿。若覆土层干燥发白，必须适当喷水。小菇蕾形成阶段，及时掀去覆盖物，加强通气，促进菌床中水分蒸发，待堆内含水量下降后，采取轻喷的方法，促使其出菇。⑥采收：当子实体菇盖外菌膜刚破裂、菌盖内卷不开伞时为最佳采收期。采菇时压住基料，抓住菇脚轻轻转动再向上拔起，除去带土的菇脚。

成果亮点　橡胶林下栽培食用菌这一新型农业模式将对热带农业的可持续发展作出积极贡献。随着人们对营养健康食品的关注度提高，食用菌市场逐渐扩大，橡胶林下利用秸秆栽培食用菌将迎来更广阔的市场前景。热区拥有丰富的森林资源和秸秆资源，通过橡胶林下利用秸秆栽培食用菌，不仅能够实现废弃农业资材的综合利用，减少环境污染，还能保护土壤和水源。橡胶林下利用秸秆栽培食用菌为当地农民提供了新的经济增收机会。食用菌种植相对简单，较低的投入成本和风险，降低了创业门槛，使更多农民从中受益。橡胶林下栽培食用菌可与其他农业产业形成良好的产业链，进一步提高农产品的附加值，为当地经济发展注入活力。

成果单位 海南大学热带农林学院。

（三）橡胶树林下间作技术

1. 橡胶林下间作香蕉技术

成果介绍 该技术以具有典型热带特色、生产周期短、产值高的香蕉为间作物，结合全周期模式胶园管理制度，优化香蕉规模化种植技术，集成“橡胶-香蕉”高效种植技术，可充分利用胶园林下自然资源，降低胶园管理成本，丰富胶园产品，提高胶园效益，从而助力天然橡胶可持续发展转型升级（图5-15）。

图5-15 橡胶林下间作香蕉

技术要点 ①橡胶林地选择：选择1～12龄宽窄行种植模式的全周期胶园［（2米+4米）×20米］，地势平缓，坡度小于15°，土壤肥沃、质地松软、透气的砂壤土，排灌条件良好，少风区域。②香蕉种苗选择及繁殖：品种为贡蕉、南天黄、巴西蕉、桂蕉抗2号、宝岛蕉等，一般采用吸芽分株法、球茎切块法、吸芽快繁法和组织培养法繁育种苗。组培苗为株高大于12厘米，经过脱毒处理的健康苗。③香蕉定植：种植时间分为春植（2—4月）、秋植（8—10月），以沟植和穴植定植为主，1～5龄胶园胶作距2～3米，6～12龄胶园胶作距3.5～4.5米，宽窄行种植，种植规格为（1.8米+1米）×4米，纯面积种植密度为120～150株/亩。深耕30厘米左右，耙平，沟植需要开二级排水沟，穴植按株距进行挖穴，将基肥与表土混匀后回穴。定植时在植穴挖小洞，将蕉苗放入，覆土，培土约2厘米，定植后浇透定根水。④栽培管理：香蕉整个生育期内需要大水大肥管护模式，施肥次数多达20次以上，通常以香蕉在不同生长阶段苗期（6～8片叶）、旺长期（15～18片叶）、蕾期（26～25片叶）、壮果肥（抽蕾30%以上）的水肥营养需求来供水供肥，后期将待施肥随灌水一同施用。香蕉种植期间应及时进行除草、除芽、花蕾管理、疏果、套袋、立桩防风、病虫害防治等措施。⑤香蕉采收：根据果实用途、市场需求、运输距离、贮运条件、成熟季节、预期贮藏期限等综合确定采收适期。夏季收获、需较长时间贮藏、北运或外销者，采收成熟度以七成至七成半为宜；冬季收获或远销采收成熟度以八成至九成为宜。⑥胶园管理：橡胶树生产管理除按照橡胶树栽培技术规程进行以外，在橡胶树1～3龄阶段，需注意香蕉生长不能影响橡胶树苗生长；在橡胶树苗4～12龄以后，根据橡胶树生长及行间光照条件调整香蕉种植胶作距和种植密度。

成果亮点　香蕉作为热区农业产业结构中重要水果作物，具有极大的消费量和经济占比，是热区农民或企业的重要经济来源之一。然而，耕地面积有限，经过多年发展，在香蕉种植面积上几乎达到一定瓶颈。与此同时，作为种植面积最大的人工经济林，胶园经营效益越来越低，甚至亏损。因此，发展林下经济是目前天然橡胶产业最有效途径。新型全周期模式胶园优化林下间作环境，在橡胶树12龄前可提供50%以上的土地用于间作喜光作物，配套香蕉种植技术，不但可以提高胶园效益，还可以解决香蕉用地难题，以此推动海南热带高效农业模式的发展。

成果单位　中国热带农业科学院橡胶研究所。

2. 橡胶林下间作斑兰叶技术

成果介绍　天然橡胶是我国重要的战略资源，但天然橡胶价格低迷影响胶农积极性和产业可持续发展，寻找高效益、易种植的橡胶林下间种的特色作物，是解决我国植胶业发展难题的关键。斑兰叶（香露兜、斑斓叶）为特色香料作物，被誉为“东方香草”，在食品、医疗、保健等方面应用广泛，经济开发价值高，且具有好育苗、好种植、好管理、好采收、好加工、好前景“六好”特点，耐荫蔽，宜在林下种植，一次种植多年受益（图5-16）。

图5-16　橡胶林下间作斑兰叶

技术要点　①选择园地：海拔400米以下的平地或缓坡地橡胶园，土质良好。②选择胶林：橡胶林种植密度为400～500株/公顷，种植形式为宽窄行为宜，郁闭度为0.3～0.6。③整理园地：地整地翻耕20～25厘米，开沟施肥和安装喷灌或滴灌。④选择种苗：采用斑兰叶组培苗或分蘖苗，组培苗采用脱毒健康种苗，分蘖苗采用根系健康发达种苗，苗高15～30厘米。⑤种苗定植：定植时间为4—9月，种植密度为每亩10 000～18 000株，株行距40厘米×60厘米或40厘米×80厘米。⑥田间管理：定期对斑兰叶浇灌、除草、施肥和病虫害防治。⑦鲜叶采收：采收植株顶部第4片以下斑兰叶鲜叶，每年采收5～7次。

成果亮点　创新斑兰叶组培快繁、林下栽培、斑兰叶浆加工方法，优化集成林下间作斑兰叶标准高效技术和立体生态模式，制定发布《林下间作斑兰叶（香露兜）技术规程》（DB46/T 579—2022），成功获批软件著作权（橡胶、椰子、槟榔林下间作斑兰叶模式系统V1.0、斑兰叶优良种苗繁育管理系统V1.0、斑兰叶标准化栽培管理系统V1.0）。胶林下间作斑兰叶植后8个月即可收获，已在海南、湛江大面积推广应用，每年新增产值约74 250元/公顷；纯收入为32 758元/公顷，成为热区特色致富产业和农业转型升级的“支点型”产业。

成果单位：中国热带农业科学院湛江实验站、海南热作高科技研究院有限公司。

3. 橡胶林下间作益智技术

成果介绍 益智是著名的“四大南药”之一，是海南省典型道地药材，也是海南省橡胶林下经济的代表性间作作物。以其成熟、干燥的果实入药，用于治疗肾虚遗尿、小便频数、遗精白浊、脾寒泄泻、腹中冷痛、口多垂涎，在常规中药饮片中一般以益智干果、益智仁及盐益智仁等方式使用。益智还是较具开发价值的香料植物，也用于保健食品和药膳等，属药、香、食同源植物。益智较耐阴，在橡胶林中，春季橡胶树落叶后林下光照条件临时改善，正好有利于益智开花结实，夏季茂密的树荫又给益智生长和果实发育创造了良好的生态环境（图5-17）。

图5-17 橡胶林下间作益智

技术要点 ①益智种苗选择：选择优良特性的益智品种种苗，或区域性筛选出的优良益智栽培株系，包括组培苗、种子苗、分株苗。②橡胶林地选择：选择行间荫蔽度60%～90%的橡胶林地。益智对土壤肥力要求不高，但肥沃、疏松、富含腐殖质的土质最适宜。③整地：种植前，对离橡胶树行间萌生带灭草，撒施腐熟农家肥、过磷酸钙，带状翻土，整平。④栽种定植：在常规橡胶林下种植，益智与橡胶树的距离一般不低于2米。种植的株行距一般为1.5米×2.0米。定植时期在3—10月均可，在雨季或阴天定植成活率高。按约30厘米×30厘米×30厘米的规格挖植穴；定植时，每穴植入1～2株实生苗或分株苗，覆土压实，埋深3～5厘米，浇足定根水。⑤田间抚管：定植后1个月内视天气情况适时浇水以保证成活。在干旱季节，尤其在益智开花结果期，可进行喷淋，使林内相对湿度在80%以上。若遇暴雨或连降大雨，则要及时排水。益智定植后两年内每年中耕除草施肥3次，投产后每年中耕除草施肥2次。培土施肥一般可在除草松土后进行。在果实采收时或收获后将已结过果实的分蘖株，以及一些老、弱、病、残和过密分蘖株割掉。⑥病虫害防治：主要为轮纹叶枯病、烂叶病、日烧病、益智弄蝶、益智秆蝇、益智桃蛀螟，防治采取农业防治、物理防治、生物防治、化学防治相结合。⑦益智采收：一般在5月底至7月初收获。将果穗或整个结果枝剪下，取下益智果，摊开暴晒4～6天即可。遇阴雨天可用低温烘干。

成果亮点　益智在橡胶林下生长结实表现良好，并且益智一次种植可多年收益，对橡胶树的生长与产胶基本没有负面影响。同时，因益智株丛的覆盖度大，可以减少橡胶林的地表径流降低冲刷，提高土壤含水量，抑制胶园杂草生长减少除草用工，益智果实收获后修剪下来的老、弱、残枝叶可作橡胶树的压青绿肥材料。除部分市县偏干旱区域外，海南省大部分植胶区的成龄橡胶园均可发展橡胶-益智模式，尤其海南省中部山区市县较适宜。除个别益智价格暴涨年份以外，一般来说橡胶林下间作益智的效益并不高，但在常规成龄橡胶林下可选间作模式相对较少的背景下，作为种植投资少、技术要求低、一次种植可连续多年收益的耐阴型间作物，林下间作益智仍然是一种值得在海南省橡胶林下推广发展的林下经济产业。

成果单位　中国热带农业科学院热带作物品种资源研究所。

4. 橡胶林下间作五指毛桃技术

成果介绍　五指毛桃又名粗叶榕、佛掌榕、五指牛奶等，其根可以作为药食两用，具有椰子的独特香味，民间广泛用于煲汤，具有健脾化湿、行气化痰、舒筋活络、益气固表的功效，具有“广东人参”的美誉。五指毛桃适宜林下种植，具有管理技术简单、经济效益好和收益稳定的优势（图5-18）。

图5-18　橡胶林下间作五指毛桃

技术要点　①优质种苗快繁：包括组培技术、扦插技术和种子育苗技术。②林地选择：选择遮阳度低于70%的林地，要求林地地势平坦，或坡度不超过25°，各类土质均可，以偏砂性黄、红壤为佳，土层厚度≥50厘米。③定植：一般定植时间在3—9月均可，种植规格株距60～80厘米，行距60～100厘米，五指毛桃行间离林地树木≥2米。④田间管理：定植后需根据死苗情况补植，并进行行间除草，并及时浇水、施肥。⑤病虫害防治：主要防治卷叶蛾和黏虫，可用90%敌百虫原药1 000倍液进行喷雾毒杀。⑥采收：一般种植2.5～3年可采收根系，采收季节以秋冬晴朗天气为佳，采收五指毛桃根后进行清洗分级烘干（温度不超过50℃）。

成果亮点 创新五指毛桃优质种苗快繁技术、林下高效栽培和五指毛桃产品加工，优化集成了林下间种五指毛桃高效栽培技术，制定发布地方标准1项（《橡胶林下南芪（五指毛桃）栽培技术规程》），获软件著作权3件（南药栽培灌溉智能控制系统V1.0、基于物联网的南药烘干设备智能控制系统V1.0和林下经济产业大数据管理系统V1.0）。现已在广西和广东等地区大面积推广，每亩种植五指毛桃1 000株左右，3年左右即可收获，亩产五指毛桃鲜根1 000千克左右，经济效益可达1万元左右，每亩净收益约6 000元，成为热区乡村振兴产业振兴的优秀模式代表。

成果单位 中国热带农业科学院湛江实验站。

5. 橡胶林下间作砂仁技术

成果介绍 阳春砂仁又名砂仁、长泰砂仁，为姜科豆蔻属多年生草本植物；所产干燥果实是我国传统“四大南药”品种之一，为我国热区特有药材，具有化湿开胃、理气安胎、醒脾。本技术主要通过合理利用橡胶等林下空间进行间作发展砂仁（图5-19）。

图5-19 橡胶林下间作砂仁

技术要点 ①种植环境：选择海拔500米以下、坡度30°以下的山窝或山坡地或平地橡胶园；土壤疏松、肥沃，富含有机质，排水良好的土地；适宜温度22～28℃，极端最低气温≥0℃；光照环境为橡胶林种植密度为400～500株/公顷，种植形式为宽窄行为宜，种植的第1～2年荫蔽度为60%～80%，3年后荫蔽度为50%～60%。②园地整理：对园地整地翻耕深度≥30厘米，开沟施肥和安装喷灌或滴灌。③种苗繁育：选择高度≥30厘米的种子繁育苗，或株高≥60厘米、叶片5～10片的分蘖苗，或纯度≥95%、株高≥30厘米的组培苗。④种植方式：定植时间为3—5月或8—9月阴雨天种植，种植密度为株行距（1～2）米×（1～2）米，挖深15～30厘米，淋足定根水，修剪掉受损的茎叶。⑤田间管理：设定固定路线，用于除草、施肥、授粉与采收，定期进行浇灌、除草、施肥和病虫害防治。⑥果实采收：在8—10月果实成熟期，采收整个果穗，利用烘焙法或晾晒法进行干燥处理。

成果亮点 云南、广西、海南相继从广东阳春地区引种砂仁种植成功，目前胶林推广种植砂仁面积约2万亩，每年新增产值约60 000元/公顷，纯收入约为28 000元/公顷，是一种橡胶林下间作的优势作物。获湛砂6、湛砂7、湛砂11、湛砂12等砂仁植物新品种权

4件，制定发布农业行业标准1项、团体标准2项。

成果单位　中国热带农业科学院湛江实验站。

6. 橡胶林下间作草豆蔻技术

成果介绍　草豆蔻为喜阴耐阳的草本植物，是我国特有植物，是药食两用植物，适合橡胶林、槟榔林、松树林等林下间作的作物。草豆蔻是我国热带地区橡胶等经济林下复合栽培的优势作物，有望发展成为乡村振兴的特色致富产业和农业转型升级的“支点型”产业。本技术主要通过合理利用橡胶等林下空间进行间作发展草豆蔻（图5-20）。

图5-20　橡胶林下间作草豆蔻

技术要点　主要涉及园地选择、土壤改良、种苗繁殖、种植技术、田间管理、病虫害防治、采收加工。每亩橡胶林套种草豆蔻的130株，种植3年后就有收成。结合研发的配套草豆蔻优良品种繁育技术，大幅度提高了产量，每亩产干果可达100千克左右，亩产值约4 000元。通过草豆蔻优良品种繁育和高效林下栽培技术的推广，引导农业和林业生产企业、山区群众种植草豆蔻并与制药和相关产品开发企业建立稳定的市场购销体系，形成综合开发的产业链条，草豆蔻产业必将会产生更大的社会效益和经济效益。

成果亮点　草豆蔻作为新型药食两用产业，该技术通过林下循环种植模式改良土壤并科学种植，是海南种植业结构调整和乡村振兴的优选项目之一，也可成为热带山区农民增收致富的重要途径。草豆蔻没有规模化种植，目前以野生采摘为主，通过新品种与新技术种植推广，可充分利用广大的橡胶林下进行发展，每亩可增收4 000元。筛选出了草豆蔻系列品种一批（豆蔻年华1号、豆蔻年华2号、豆蔻年华3号等）；在种苗快繁技术方面有了较大突破，获发明专利1项（一种利用草豆蔻茎尖快速繁育种苗的方法），可在短时间内获得大量用于生产栽培的健康、优质的草豆蔻种苗；并且在海南昌江县王下乡、白沙县南开乡、琼中县长征镇和湾岭镇、屯昌县坡心镇等地推广草豆蔻复合种植技术8 000亩。

成果单位　中国热带农业科学院热带作物品种资源研究所。

7. 橡胶林下间作米粽叶技术

成果介绍　柊叶属植物为多年生草本，我国产于南部及西南部地区，因其叶片硕大，气味清香，具有清热、解毒、防腐等功效，在我国南方多省份向来有用其叶子包粽子的习

图5-21　橡胶林下间作米粽叶

惯，一般统称为米粽叶。在海南省较常用的有两种：尖苞柊叶、少花柊叶。柊叶属米粽叶较耐阴，一般野生于山地雨林、沟谷地带，人工种植于房前屋后、田边、林下等，是一种适合在成龄橡胶林下间套种植的作物（图5-21）。

技术要点　①米粽叶种苗选择：根据本地区米粽叶的种植及消费习惯、市场需求等决定种植的品种。从优良母株上挖取分株裸根苗种植，或种植经培育的容器苗、组培苗。②橡胶林地选择：荫蔽度60%～90%的橡胶林地，温暖潮湿但不会水涝的最好。对土壤肥力要求不高，肥沃、疏松、富含腐殖质的森林土最适。③整地：清理橡胶行间杂草、灌木、大块石头等杂物。于米粽叶苗定植前对林地间作区进行带垦，带垦宽度比米粽叶实际间作宽度大0.6～1.0米，带垦翻耕深度20～40厘米，后平整。可结合林地翻耕施入有机肥，并混合过磷酸钙作为基肥。④栽种定植：全年均可定植，定植胶作距≥1.5米，米粽叶株距60～150厘米、行距60～200厘米。穴的大小及深度根据米粽叶容器苗的大小、穴内施肥量的情况而定。定植时将米粽叶苗放入定植穴内回土压紧，浇足定根水。⑤田间抚管：定植后第1～2年，每年中耕除草2～4次。定植后第3年起，每年中耕除草1～3次。定植后70%以上的粽叶苗抽新叶时可追施肥。每年施肥2～4次，建议与橡胶树的施肥同步。在叶片大批采收后应追施肥。旱季有条件的应于行间喷淋或滴灌进行补水，可同时加入沼肥液、水溶肥等进行追施。米粽叶采收后修除的茎秆。⑥病虫害防治：病害主要是炭疽病，虫害主要有蝗虫、纺织娘、卷叶虫、钻心虫等为害，一般人工捕杀，确需用药剂防治的，优先施用生物农药，或喷施杀虫剂防治。⑦米粽叶采收：根据需要适时采收，全年均可采收。采收好的米粽叶需及时送去加工处理。

成果亮点　橡胶林下间作米粽叶旺产期亩均年销售收入一般为1 000～3 000元。在常规成龄橡胶林下可选间作模式相对较少的背景下，作为种植投资少、技术要求低、一次种植可连续多年收益的耐阴型间作物，林下米粽叶是一种值得在海南省橡胶林下推广发展的林下经济产业。

成果单位　中国热带农业科学院橡胶研究所。

8. 幼龄胶园覆盖葛藤技术

成果介绍　我国橡胶树种植面积约120万公顷，幼龄胶园占植胶面积的30%左右。然而，橡胶树连年种植导致的土壤肥力持续下降和水土流失，因缺乏针对性的技术措施未得到有效防治，直接影响着产业的持续健康发展，不符合“藏胶于地”和“绿色生态”发展理念。急需研发高效绿色的胶园抚管方式，达到保持地力、减少污染和水土流失目的（图5-22）。

图5-22　幼龄胶园覆盖葛藤

技术要点　该技术首先采集幼龄胶园覆盖绿肥土壤样品，调查覆盖绿肥累积有机生物量，开展覆盖绿肥效益与机制研究；其次，筛选适宜性强、覆盖效应好的绿肥作物——葛藤，优化种植技术，集成绿肥覆盖技术模式；最后，采用示范基地与科技培训相结合方式，推广覆盖葛藤技术的大面积应用，实现了幼龄胶园土壤肥力有效提升，达到了防止胶园水土流失和绿色生产目的，并降低了胶工管理幼龄胶园的成本。

成果亮点　该技术可有效提高土壤有机质含量17%以上；减少橡胶树生物有机肥的施用和除草次数，每亩可节约农资和人工费用170～180元/亩，2020—2022年在广东推广应用面积30万亩，每年可节约投入成本约1 800万元，累积节约成本4.80亿元，达到了节本增效目的。通过示范基地建设和科技培训，形成一体化的技术推广模式，实现了较大范围的推广应用，在广东省橡胶主产区累计应用面积40万亩以上。相关成果入选2022年广东省主推技术；获发明专利1项“不同覆盖作物对幼龄胶园的影响的测定方法”；“幼龄胶园覆盖绿肥技术集成与示范推广”获2020年广东省农业技术推广奖三等奖。

成果单位　中国热带农业科学院湛江实验站。

9. 胶园绿肥过腹还田提质增效技术

成果介绍　海南省天然橡胶种植面积达到769万亩，然而近年来橡胶的价格较低，严重制约了橡胶产业的发展。胶园间作优质饲用型绿肥，引入绿肥过腹还田技术是助力天然橡胶种植业脱困的重要途径。幼龄胶园适合种植热研4号王草等产量较高的刈割型牧草进行舍饲；成龄胶园可种植热研4号王草，也适合种植热研3号俯仰臂形草等进行放牧。热研四号王草是我国南方广泛推广的多年生刈割型牧草品种，具有刈割后再生快和产量高的特点。热研3号俯仰臂形草属多年生匍匐牧草，粗生耐旱、再生竞争力强等优良特性（图5-23）。

图5-23　胶园绿肥过腹还田提质增效

技术要点　①种植前1个月要进行备耕，犁地深、清除杂草，耕后耙碎、耙平。②热研4号王草用种茎繁殖。种茎宜选用生长6～7个月的茎秆，每茎段2节放于沟内，覆土5～10厘米，压实。刈草地种植株行距为（40～60）厘米×（60～80）厘米。③热研3号俯仰臂形草用匍匐茎插条繁殖，犁耙后即可定植。剪取长约30厘米的带节匍匐茎作为种苗进行穴植，每穴2～3苗，穴深15厘米左右，将苗的2/3埋于土中，株行距80厘米×80厘米。④养殖后的粪肥需要及时回田，为橡胶树和绿肥的生长提供充足的有机肥。

成果亮点　该技术着眼于橡胶产业增效，在充分利用胶园林下空地的同时，可为天然橡胶的生长提供大量的有机肥，为天然橡胶的高产优质生长打下基础。更为重要的是，养殖业的引入可大幅提升橡胶产业的经济效益，以养牛为例，通过种草，每亩胶园种植的牧草每年可养殖一头牛，价值1.5万～2万元，每头牛一年可产生7 800千克左右粪肥，价值800～1 000元。发展过腹还田技术可有力促进天然橡胶产业的持续健康发展。该技术已经在海南部分地区得到应用，成效显著。该技术2023年入选海南省农业主推技术。热研4号王草1998年经全国牧草品种审定委员会审定；热研3号俯仰臂形草1991年经全国牧草品种审定委员会审定。

成果单位　中国热带农业科学院热带作物品种资源研究所。

10. 橡胶林下特色高效虎奶菇种植技术

成果介绍　我国橡胶树种植面积约120万公顷，同时也是我国热区部分老少边穷地区精准脱贫和乡村振兴的支柱产业。林-菌模式是目前发展林下经济的主要模式之一，筛选耐高温、适应性强、经济效益高的药食用菌品种是发展林菌模式的关键。虎奶菇，学名菌核侧耳，属侧耳科侧耳属，是热带和亚热带地区的一种伞菌，为药食兼用菇菌，生于森林内土中的腐木或木桩上，是近年来在国内驯化成功并进行产业化开发的珍稀食药用菌。虎奶菇营养成分丰富且营养价值高，鲜干品食之鲜美无比，口齿留香，实为一种珍贵的食、药兼用的大型真菌（图5-24）。

技术要点　主要由栽培基质配制、装袋灭菌、菌丝培养、场地选择、翻地作畦、覆土栽培、土壤湿度调节与管理、菌核的采收与加工的环节组成。该技术研发并优化了以果园剪枝、橡胶木屑等农林废弃物为原料的虎奶菇高效栽培基质配方；实现了橡胶林下虎奶菇高产栽培和菌渣资源化利用；集成并构建了橡胶林下特色高效虎奶菇种养技术模式体系。

成果亮点　该技术模式在海南白沙、定安等市县示范并辐射推广，目前已推广橡胶林下种植虎奶菇等品种面积达到1万亩，年产值达上亿元，每亩橡胶增收达3 000元以上。该成果技术门槛低，基础设施投入低（不需要大棚等设施）、管理粗放、容易推广。经济效益好，虎奶菇覆土栽培的种植周期约100天，每个菌棒生产虎奶菇干品100克，每亩纯收益4 500～6 500元。特别是在每年10月至翌年4月产品价格更高。市场前景好，食用药用价值高，市场需求量较大，销售干品，不会因为保鲜、运输等问题影响品质。生态效益好，橡胶林下种植虎奶菇过程中，不施肥、不打农药，整个种植过程绿色生态，种植收获后，菌渣作为高品质有机肥原位还田还能提升土壤地力。该技术特别适合植被覆盖率高、生态环境好的山区橡胶林。通过橡胶林下虎奶菇种植，既能提高胶农经济收益，又保护了生态环境，践行了“两山转化”理论和生态产品价值实现。

成果单位　中国热带农业科学院环境与植物保护研究所。

图5-24　橡胶林下特色高效虎奶菇种植

11. 橡胶林下间作朱顶红技术

成果介绍 朱顶红（*Hippeastrum rutilum* Herb.），石蒜科朱顶兰属多年生草本植物的统称，被称为“南国牡丹”。国际上流行的栽培种有100多个，其中我国栽培的有60多个。由于朱顶红可在半阴下种植并可直接销售种球，其经济效益主要取决于种球的大小和数量，地上部分的美观度和整齐度对产品销售并无影响。橡胶林下种植朱顶红是一种优良的林花种植模式。

技术要点 ①种球选择：选择球茎3厘米左右、健康无病毒的籽球进行种植。②园地选择、除草和整地：最好选择行间距在6米以上，遮光率50%左右的橡胶林。朱顶红对土壤适应性强，但尽量选择土质深厚、富含腐质层、排水良好的土壤为宜。清除土壤中杂草、石头等之后可根据土壤肥力适当施入基肥。整地时作60～80厘米宽的畦，畦沟20～30厘米。③排灌设施：根据畦的走向铺设喷灌设施或滴灌。④定植：种植前将种球撒上多菌灵后直接种植在土壤中，土壤埋至种球的2/3处，株距为25厘米，行距20厘米。⑤田间管理：种植后每20天施一次复合肥，注意控制水分。浇水过多会导致裂球和地上部分长势过旺。⑥采收与贮藏：当根茎长至直径5厘米以上时即可采收。采收时取出母球上的子球，去除根系和叶片，即可进行催花销售。

成果亮点 花卉产业即绿色高效农业产业，也是生态文明和乡村振兴工作中首选的高质量发展产业，2020年我国花卉零售市场规模达1 876.6亿元，市场空间巨大。朱顶红花型多样、花色繁多，其观赏价值堪称球根类花卉之冠，一直作为高档花卉畅销发达地区和国家，并成为现代球根花卉产业中的后起之秀。5年内甚至更长时间内球宿根花卉仍然是市场宠儿。发展橡胶+朱顶红产业，既可以生产部分切花产品还可以直接销售种球。由于热带气候优势显著，发展花卉种业具有天然优势。同时，此技术还可以减少土地和设施投入，提升林地综合效益。

成果单位 中国热带农业科学院热带作物品种资源研究所。

12. 橡胶林下间作姜荷花技术

成果介绍 姜荷花（*Curcuma alismatifolia* Gagnep.）是姜科姜荷属的多年生草本热带球根花卉。姜荷花因其独特的花型，多彩鲜艳的苞片颜色以及较长的观赏期广受消费者青睐。在生产栽培中，姜荷花需要进行50%～60%的人工遮阳。姜荷花是姜科植物，不易受林下蚊虫的叮咬，也是一类适合种植在林下的花卉种类。除可采切花销售外，姜荷花也可以直接销售种球（图5-25）。

技术要点 ①种球选择：姜荷花球茎贮藏根越多，萌芽越快，开花较早，产量也较高；球茎越大，开花也越早，切花及子球的产量越高。种植时应选择直径1.5厘米以上的球茎，且带有3个贮藏根以上的种球。②园地选择、除草和整地：最好选择行间距在6米以上，遮光率50%左右的橡胶林。姜荷花对土壤适应性强，一般除黏重的土壤外均可种植，但为了照顾种球的采收，应尽量选择土质深厚、排水良好且不缺水的砂质土壤为宜。清除土壤中杂草、石头等之后可根据土壤肥力适当施入基肥。整地时制作60～80厘米宽的畦，畦沟20～30厘米。③排灌设施：根据畦的走向铺设喷灌设施或滴灌。④定植：植前用0.3%的多菌灵消毒20分钟并将根茎放置在28℃、80%湿度的环境下2～3周。发芽后进行种植，深度为10厘米。每畦种4行，株距15～20厘米。⑤田间管理：种植后每20天施一次追肥，并施放3%的微量元素。种植初期为预防切根虫、夜蛾类及蝼蛄类危害新芽，可在畦面撒布毒丝颗粒剂。雨季来临前及雨季高温多湿期间，应注意防治赤斑病、炭疽病、疫病。⑥采收与贮藏：根茎必须保存在不低于20℃的湿润环境中，贮藏时用湿润的惰性基质，用木屑或泥炭覆盖根茎，然后用多孔的塑料包裹，保持通风。贮藏时切忌挤压。为防止贮藏时发芽，贮藏温度为17℃，湿度为70%～80%。

图5-25　橡胶林下间作姜荷花

成果亮点　姜荷花自然花期在6月初至10月中上旬，正好可以弥补夏季切花不足的市场缺口。姜荷花单花的自然花期可达7天以上。目前我国市场刚刚兴起，产业前景较好。5年内甚至更长时间内球宿根花卉仍然是市场宠儿。发展橡胶+姜荷花产业，既可以生产部分切花产品还可以直接销售种球。由于热带气候优势显著，发展花卉种业具有天然优势。同时，该技术还可以减少土地和设施投入，提升林地综合效益。

成果单位　中国热带农业科学院热带作物品种资源研究所。

13. 橡胶林下间作鹤蕉技术

成果介绍　鹤蕉（*Heliconia rostrata* Ruiz et Par.）又名蝎尾蕉、赫蕉等，为鹤蕉科鹤蕉属多年生草本植物，原产于美洲热带地区和南太平洋部分岛屿。鹤蕉是一种典型的热带花卉，具有较高的观赏价值。在林下种植的鹤蕉不易受病虫侵害，可以采收切花作为商品进行售卖，也可以直接销售种苗用于园林绿化中。

技术要点　①种苗选择：选择生长健壮无病虫害的母株，将地下茎按一茎一芽进行分割。剪去地上部分，保留20～30厘米长的假茎，注意保持吸芽的完整性。切口要平整，并用杀菌剂整株浸泡3～5分钟，取出晾干。②园地选择、除草和整地：种植园地应选地势开阔、通风及光照条件好、排灌水方便、土壤深厚、疏松肥沃、透水性好的地块。栽植前要深翻土壤，进行两犁两耙。耙平后起畦，每畦宽120厘米，高20厘米，畦间沟宽40厘米。③排灌设施：根据畦的走向铺设喷灌设施或滴灌。④定植：每畦栽植一行，株距根据品种的株形大小而定，矮生品种为60～90厘米，中型品种为120～150厘米，大型品种为180～200厘米。挖穴的规格为40厘米×40厘米×60厘米。每穴均匀施入牛粪1～2千克，并掺入少量表土混匀。栽植时假茎要露出土面，栽植后覆土，浇透定根水。⑤田间管理：鹤蕉的栽培管理较为粗放，但由于植株生长迅速，花枝数量多，营养消耗大，因此需保证充足的肥料供给。鹤蕉生长速度快，分蘖数多，因此在栽培过程中，要注意经常修剪。鹤蕉几乎没有病虫害。⑥采收和贮存：多数鹤蕉品种在栽培环境适宜的条件下一年四季均可切花。在华南地区，5—10月为鹤蕉切花高峰期。采切后的花茎应立即插入清水中，进行修整和分级处理。清洗晾干后进行包装。

成果亮点 鹤蕉花形奇特、花色艳丽，是商品化生产的高档花卉，主要用于切花栽培和盆栽观赏，并作为园林观赏植物广泛应用。5年内甚至更长时间内球宿根花卉仍然是市场宠儿。发展橡胶+鹤蕉产业，既可以生产部分切花产品还可以直接销售种球。由于热带气候优势显著，发展花卉种业具有天然优势。同时，此技术还可以减少土地和设施投入，提升林地综合效益。

成果单位 中国热带农业科学院热带作物品种资源研究所。

14. 橡胶林下养殖儋州鸡技术

成果介绍 在发展林下畜牧业经济中，首选是发展林下养鸡。海南有适合发展林下养殖的林地1 000万亩，其中橡胶林地353万亩。儋州鸡为国家畜禽遗传资源品种，体型清秀，具有耐粗饲、耐高温高湿及适应性广等特性，体重1.2～1.4千克。儋州鸡轻盈善飞翔，一般可飞高5～8米，飞远20～30米，对林地复杂的环境条件有极强的适应性。林下养殖儋州鸡技术可很好地助力农业增效农民增收（图5-26）。

图5-26 橡胶林下养殖儋州鸡

技术要点 选择相对开阔或橡胶林地边缘的较为平整的地点建场，鸡舍结构为半开放式，高度2.5～3.5米，鸡舍面积以600米^{2}为一个饲养单元。优化鸡舍内环境参数，温度以25～26℃为宜，尽量不要超过28℃，湿度65%左右，舍内饲养密度10～12只/米^2。

成果亮点　林下生态养殖成本回收时间短，经济效益显著。橡胶园林下养殖儋州鸡每亩每批次养殖60只，一年两批次，平均价格约80元/只，每年单位面积收益约9 600元/亩；林下养鸡后减少橡胶园防控草害和虫害的生产管理成本每年约300元/亩；橡胶园养鸡成本按照投资鸡舍、水电、人工及饲料等平均50元/只估算，120只每年成本约6 000元/亩；年新增收益约3 900元/亩。海南热科源生态养殖有限公司使用该技术实现儋州鸡年出栏200万只以上，产值1.8亿元。

成果单位　中国热带农业科学院热带作物品种资源研究所。

（四）橡胶林下产品和装备

1. 橡胶树割面营养增产素

成果介绍　依据橡胶树营养生理和产排胶特点，开展了钼、锌、硼等微量元素和赖氨酸等有机养分的作用机理和效果研究，尤其是调节增产素中K/Mg的比例平衡，并根据橡胶树品种、割龄和营养诊断结果，动态调整增产素配方，并综合运用pH值在线检测、机械搅拌、恒温加热、聚乙烯醇先吸胀再溶解、冷却机组快速冷却等方法，解决了生产过程中搅拌不均匀、容易烧焦、聚乙烯醇难溶解和冷却速度慢等关键问题，形成了新一代的橡胶树割面营养增产素系列产品。产品应用提高产量5%以上，割胶用工减少30%以上，死皮发病率相对降低2/3，耗皮量减少20%～40%，胶树经济寿命延长1/4～1/3（8～10年）。产品包含从0.5%～4%的8个浓度梯度，提高了橡胶产量，延长胶树经济寿命。该产品促进了橡胶树营养增产素生产的标准化和产业化，提高了橡胶产量，促进了胶农增收，降低了劳动成本，提高了国产胶的市场竞争力（图5-27）。

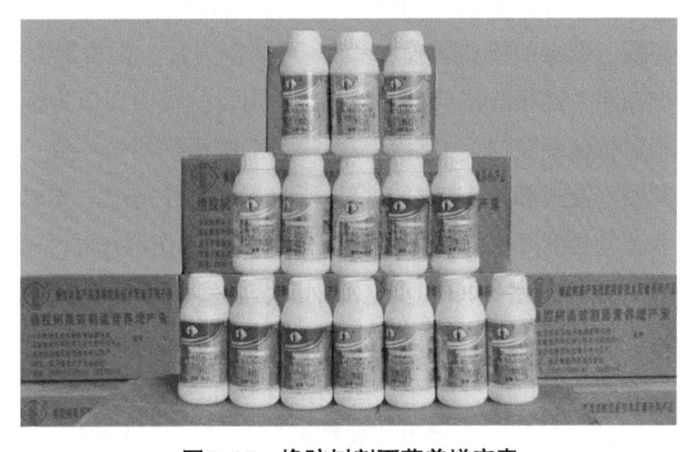

图5-27　橡胶树割面营养增产素

成果亮点　该产品创造性地将多种氨基酸有机养分引入橡胶树割面营养增产素中，并根据橡胶树营养诊断结果实时调整配方中营养元素添加种类和添加量。提高了橡胶产量，延长了胶树经济寿命，已在海南农垦及广东农垦和海南民营胶园使用（分别占全国和海南可使用面积的12%和20%）。自主设计出橡胶树营养增产素生产工艺，国内外首次研发出规模化、半自动化橡胶树割面营养增产素生产线，替代原实验室或小作坊式人工配制。通过对产品生产工艺实用的先进技术进行集成运用，优化了生产过程，实现了连续化生产，其生产燃料成本降低2/3，废气和废液零排放，同时也提高了产品稳定性和热能利用效率，减少环境污染。根据生产工艺流程和生产关键参数，对主要设备进行自主选型、定制、组配，研发了一条日产6吨、年产2 000吨的生产线，实现了规模化、规范化生产。

成果单位　中国热带农业科学院橡胶研究所。

2. 4GXJ型电动割胶装备

成果介绍　天然橡胶是重要的国防战略资源和工业原料。胶工割胶技术水平是影响当年和整个周期效益最重要的因素。前期生产上割胶完全依赖胶工，技术要求高、劳动强度大、效率低、难以做到标准化，导致伤树、减产，胶工对提升速度、降低技术难度和劳动强度有迫切需求。该技术成功攻克了割胶精准控制、复杂树干切割仿形等机械采胶关键难题，创制了“傻瓜式”电动胶刀（图5-28）。

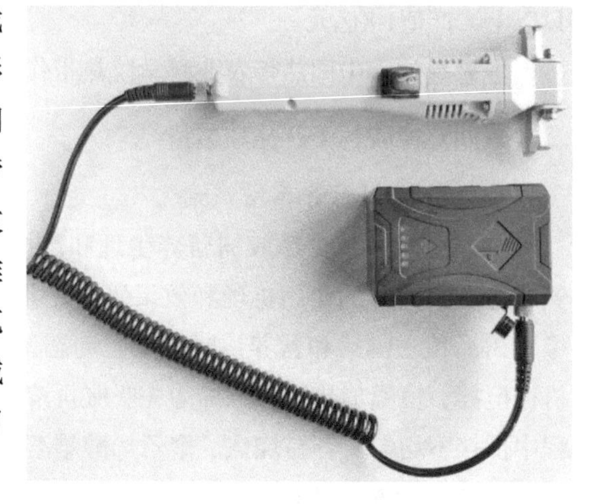

图5-28　4GXJ型电动割胶装备

基于往复切削式割胶技术，创新研制了高效、低振的传动装置、“L”形切割刀片、拱桥形限位器，解决了割胶深度及耗皮量精准控制关键核心技术难题；首次提出以割线内切口为标准基线仿形割胶，解决了树干不规则对机械割胶的重大影响，保障了割胶深度均匀一致；装备适应性强，可进行阴刀和阳刀割胶、推式和拉式割胶，满足所有割胶操作需求。集成了配套标准化割胶技术，技术难度和劳动强度降低60%、速度提升1倍，减少伤树30%，延长经济周期3～4年。

成果亮点　4GXJ型电动割胶装备实现了农机农艺创新融合，突破了机械化割胶关键核心技术。与国内外同类装备比较，性能优良可靠，割胶效果优于行业标准要求，是世界割胶工具的重要变革，达到国际领先水平。4GXJ型电动割胶装备割胶效果优于行业标准要求，在我国及世界主要植胶国得到了迅速推广，覆盖世界13个植胶国，市场占比超过80%；近5年，国内应用面积160余万亩，新增农业产值15.93亿元，新增纯收益2.21亿元，在助力脱贫攻坚、乡村振兴、服务国家“走出去”和“一带一路”倡议中发挥了良好实效。

该成果获授权专利24件，其中发明专利8件；入选2022年中国农业农村重大新装备，通过农机专项鉴定、纳入农机补贴，入选农业农村部和海南省农业主推技术；成果创新性突出，达到国际领先水平；“便携式电动采胶装备的研发与推广应用”获2021年海南省科技进步一等奖。

成果单位　中国热带农业科学院橡胶研究所。

3. 橡胶树“两病”监控无人飞行器

成果介绍　橡胶树是我国重要的热带高大经济作物，在国家安全、经济建设和人民生活中具有重要意义。然而橡胶树白粉病和炭疽病（俗称：橡胶树“两病”）一直是影响国内天然橡胶产业健康可持续发展的重要（大）生物限制因素，在我国橡胶主产区年年暴发流行，导致干胶产量损失10%～15%。该成果针对国内橡胶树“两病”监测预报技术落后、准确度低、防治药剂单一、投入劳动成本高、防治难度大、施药效率和精准度不高、存在严重环境安全隐患等一系列技术难题，研发了监控无人飞行器、飞防专用药剂及其配套施药等系统的防治橡胶树“两病”技术体系（图5-29）。

技术要点　①建立了橡胶树白粉病中短期预测及防治决策模型，炭疽病监测技术规程。②研发了兼治橡胶树多种叶部病害的飞防专用药剂“保叶清”两种剂型、助剂及其配套施药技术。③自主研发出大载荷无人飞行器及其应用系统，集成示范了山地橡胶、平地橡胶和中小龄胶苗不同栽培方式的大载荷和小型多旋翼无人机的橡胶树“两病”无人机飞防技术模式，突破橡胶树“两病”监测预警系统及大载荷无人机飞防关键核心技术，为橡胶树“两病”绿色、高效防控提供技术支撑。

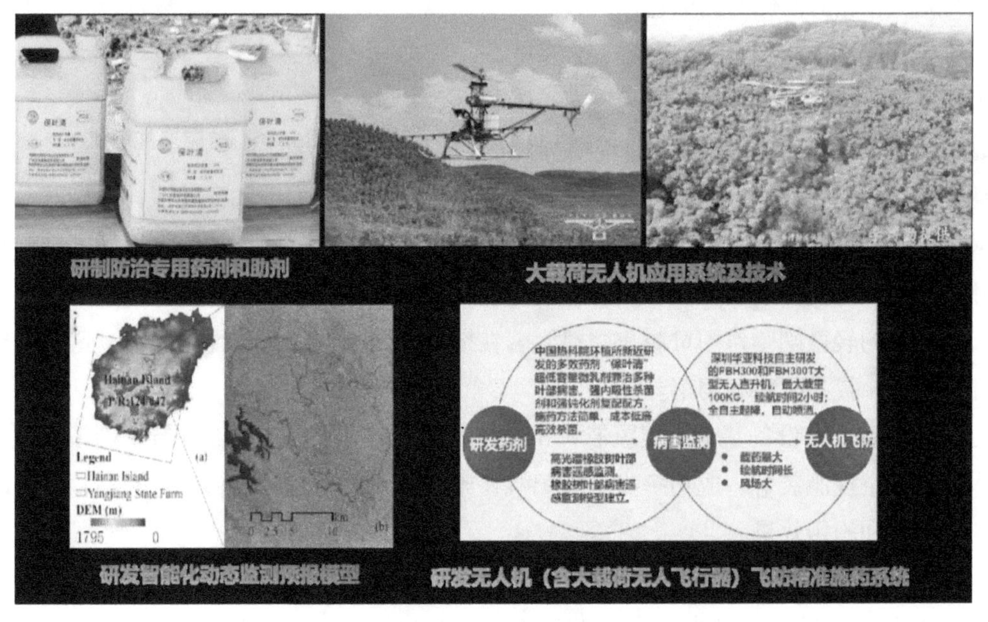

图5-29　橡胶树“两病”监控无人飞行器

成果亮点　该成果研发了监控无人飞行器、飞防专用药剂及其配套施药等系统的防治橡胶树“两病”技术体系，与常规防治技术相比，该成果的技术、产品可确保橡胶树“两病”防治效果达到80%，并有效降低了人工劳动强度，减少常规化学农药使用量，保护相关产业环境和生态效益，为天然橡胶产业健康、可持续发展保驾护航。已制定农业行业标准2项、软件著作权2项、登记农药新产品1个。自2018年以来，该成果的相关技术、产品和模式在海南、广东、云南等主要植胶区累计推广面积约6万亩，平均每亩节约防治成本6元，平均每万亩挽回干胶产量50吨，累计经济效益达864万元。

成果单位 中国热带农业科学院环境与植物保护研究所。

4. 防架空施肥机

成果介绍 在热带地区的胶园中，由于空气湿度大、肥料易回潮，施肥机施用粉状肥料时常遇到肥料架空、排肥困难问题。为了解决这一问题，研发了一项防架空施肥机技术（图5-30）。

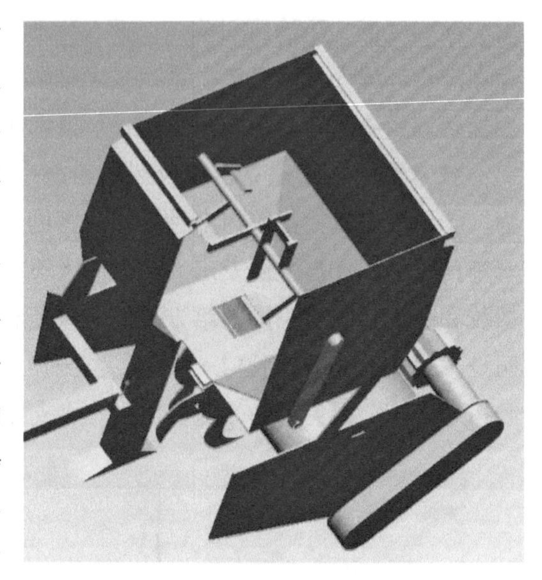

图5-30 防架空施肥机

技术要点 该设备基于小型履带式开沟施肥机，在排肥机构方面进行了创新改进，并引入了防架空搅肥装置。搅肥装置的设计包括肥料箱内部设有搅拌轴和多个搅拌杆。搅拌轴两端与肥料箱相对两侧的侧壁连接，其中一端与外部电机等动力设备传动连接。搅拌杆一端固定连接在搅拌轴上，另一端远离搅拌轴的位置有可弹性形变的搅拌头。随着搅拌轴的转动，搅拌头能够与搅拌仓底部的内壁接触。通过电机等动力设备带动搅拌轴旋转，搅拌杆沿着搅拌轴螺旋分布，打破肥料架空形成的稳定结构。所有的搅拌头在搅拌轴轴向长度之和与搅拌轴在搅拌仓内的长度相等，确保搅拌头能够全面覆盖搅拌仓下部内壁，避免死角。搅拌头的轻微剐蹭作用可防止肥料附着在搅拌仓内壁上，充分搅拌肥料，避免残留在搅拌装置内，提高肥料利用率。

成果亮点 该设备基于小型履带式开沟施肥机，在排肥机构方面进行了创新改进，并引入了防架空搅肥装置，成功解决了施肥机在施用粉状肥料时的肥料架空问题，并提高了肥料利用率和施用效果。

成果单位 中国热带农业科学院农业机械研究所。

5. 橡胶木高温热改性生产炭化木

成果介绍 橡胶木是热带主要的人工林阔叶材，我国海南、云南年产量超过100万$米^3$。通过采用环保的物理方法和高温热改性处理技术手段，对橡胶木进行改性处理（图5-31）。

技术要点 预热阶段、前干燥阶段、高温热改性阶段和降温阶段，其中，高温热改性阶段的条件为：温度135～175℃，压力0.2～0.8兆帕；高温热改性阶段的处理时间为1～6小时。可使其密度达到0.70～0.90克/$米^3$，硬度提高30%～90%，尺寸稳定性提高

20%～60%，吸湿性降低30%～50%，具备防虫防腐和阻燃性，达到国家标准《热处理实木地板》（GB/T 28992—2012）质量要求，经过出口地板企业第三方检测，达到美国阿姆斯壮公司地热地板的质量要求。处理后的橡胶木颜色接近热带硬木，可部分替代柚木、菠萝格等热带雨林木材生产家具、地板及装饰装修。由于原材料价格适中，可持续供应，处理后木材的密度，色泽及尺寸稳定性等综合性能优良，可大幅度提高橡胶木的附加值，大部分生产设备可采用木材加工企业现有设备完成，具有较好的市场前景。

图5-31　橡胶木高温热改性炭化木

成果亮点　橡胶木碳化后木材尺寸稳定性提高，木材的生产周期缩短了30%～50%，适合制造高档实木家具、实木地板、楼梯板和实木木窗等。改性后的橡胶木可防止蠹虫和白蚁蛀蚀，在全球热带和亚热带室内使用，木材的使用寿命30～50年。可持续生产的绿色建材，橡胶木人工栽培，木材资源可持续供应，改性的橡胶木可部分替代柚木等热带珍贵硬木，在一定程度上将减少全球对热带雨林木材的过度依赖。建设了中试示范生产线，具备年加工炭化橡胶木家具材1 000米^3，炭化橡胶木地板材1 000米^{3}的生产能力。“橡胶木高温热改性生产炭化木产业化关键技术研究与示范”于2017年获海南省科技进步奖二等奖，“橡胶木高温热改性生产炭化木产业化关键技术”入选2018年国家林业和草原局重点推广100项林业科技成果。

代表性专利：一种炭化木指接地板的生产方法、硅溶胶浸注预处理改善炭化木性能的方法、一种高温热改性橡胶木地板的生产方法、一种环保型橡胶木防霉防变色保护剂、一种室内用炭化橡胶木集成材的生产方法、树脂预处理生产橡胶树炭化木方法、采用物理方法防止橡胶树木材粉蠹虫蛀蚀的生产方法、一种橡胶木高温热改性材及其生产方法。

成果单位　中国热带农业科学院橡胶研究所。

二、椰子林下经济产业技术成果

（一）椰子品种

1. 文椰2号椰子

成果介绍　文椰2号椰子（贵妃椰子、黄矮椰子）是从马来西亚引入种果，采用混系连续选择与定向跟踪筛选方法从马来亚黄矮椰子中选育出的新品种（图5-32）。

图5-32　文椰2号椰子

主要性状　该品种植株矮小，株高12～15米，成年树干围茎70～90厘米，果小、单果椰干产量低，近圆形，果皮黄色；椰肉细腻松软，甘香可口，椰子水鲜美清甜；投产结果期早，结果多，种植后3～4年开花结果，8年后达到高产期，平均株产椰果115个，高产的可达200多个；其抗风性中等，优于马哇、差于海南高种，抗寒性差于海南高种椰子，叶片寒害指标为13℃，13℃以上可以安全过冬，椰果寒害指标为15℃，15℃以下出现裂果、落果；自然寿命约60年，经济寿命约35年。

适宜区域　适宜海南种植，最适区为南部、东部。

成果亮点　文椰2号椰子植株矮，投产早，结果多，嫩果皮黄色，椰肉细腻松软，椰水鲜美清甜，抗风性中等，抗寒性差，适宜作为鲜果食用等特点得到了大范围推广，现已在海南省推广约2万亩，亩产效益达8 000元以上。

文椰2号椰子2007年通过海南省品种审定委员会认定；2013年通过全国热带作物品种审定委员会审定（热品审2013006）；“文椰系列椰子新品种培育与推广利用”2023年入选全国百项重大农业科技成果；“高产早结鲜食椰子新品种文椰2号的培育与推广利用”获2012年海南省成果转化奖二等奖。

成果单位　中国热带农业科学院椰子研究所。

2. 文椰3号椰子

成果介绍　文椰3号椰子（红矮椰子、帝皇椰子）是从引进的“马来亚红矮”中采用混系连续选择与定向跟踪筛选的方法连续4代选育而出的优良品种（图5-33）。

图5-33　文椰3号椰子

主要性状　该品种植株矮小，成年株高12～15米，茎干较细，成年树干围茎70～90厘米，果小、近圆形，嫩果皮橙红色，果皮和种壳薄；椰肉细腻松软，甘香可口，椰子水鲜美清甜；结果期早，一般种植后3～4年开花结果，8年后达到高产期；产量高，平均株产椰果105个，高产的可达200多个；其抗风性中等，类似于文椰2号，优于马哇、差于海南高种，成龄树强于幼龄树。抗寒性差于海南高种椰子，叶片寒害指标为13℃，13℃以上可以安全过冬。椰果寒害指标为15℃，15℃以下出现裂果、落果；自然寿命约60年，经济寿命约35年。

适宜区域　适宜海南省种植，最适区为南部、东部。

成果亮点　文椰3号椰子植株矮小，茎干较细，果小、嫩果皮橙红色，椰肉细腻松软，甘香可口，椰子水鲜美清甜，结果期早，产量高，抗风性中等，抗寒性差于海南高种椰子，现已在海南省推广约4万亩，亩产效益达8 000元以上。

文椰3号椰子2007年通过海南省品种审定委员会认定（200721）；“文椰系列椰子新品种培育与推广利用”2023年入选全国百项重大农业科技成果；“高产早结矮化椰子新品种文椰子三号的推广利用”获2016年海南省科技成果转化奖三等奖。

成果单位　中国热带农业科学院椰子研究所。

3. 文椰4号椰子

成果介绍　文椰4号椰子（绿矮椰子、香水椰子）是从东南亚引进的香水椰子中选种改良的椰子品种（图5-34）。

图5-34　文椰4号椰子

主要性状　该品种属于嫩果型香水椰子，植株矮，成年树高6～15米，成年树干径围68～87厘米，果实小，圆形，嫩果果皮绿色，椰肉细腻松软，椰水和椰肉均具有特殊的香味；种果发芽率68%以上，结果早，一般种苗定植后3～4年开花结果，8年后达到稳产期，株产椰果70个以上，高产的可达120多个；其抗风性中等（可抗10级以下风力），不抗寒；自然寿命约60年，经济寿命约35年。

适宜区域　最佳种植区域在海南东部、南部的万宁、陵水、三亚等市县。

成果亮点　文椰4号椰子植株矮，果实小，嫩果果皮绿色，椰肉细腻松软，椰水和椰肉均具有特殊的香味，结果早，结果中等，抗风性中等，不抗寒。现已在海南省推广约2万亩，亩产效益达8 000元以上。

文椰4号椰子2014年通过全国热带作物品种审定委员会审定（热品审2014008）；“文椰系列椰子新品种培育与推广利用”2023年入选全国百项重大农业科技成果。

成果单位　中国热带农业科学院椰子研究所。

（二）椰子林下间作模式

椰林种草养鸡高效生态模式

成果介绍　椰子是热区农民重要的经济收入来源之一。由于幼龄椰林无效益、成龄椰林土地利用率低、单位面积收益低、资源优势利用不充分等严重制约了我国椰子产业的发展。椰林种草养鸡模式根据椰子在不同的生长阶段采用适宜的"种养结合"模式，利用椰园空旷的林下空间与良好的生态环境进行放养鸡，使鸡在椰园内自由啄食椰树害虫和园内杂草、牧草，既可以降低治虫治草成本，又可以节省饲料和提高鸡的肉质。另外，鸡粪是一种优质有机肥，直接排泄在园内，既可以改良椰园土壤结构与提高肥力，又可以降低椰园生产投入和提高椰树产果量，可明显提高椰林土地综合利用率、降低椰林生产成本、提高单位面积椰林经济效益（图5-35）。

图5-35　椰林种草养鸡高效生态模式

椰林种草养鸡高效生态模式主要涉及椰林选择、牧草选择、草地建植、鸡种选择、鸡舍建设、育雏管理、散养管理、鸡粪循环利用等，达到"林、草、鸡"有机平衡和统一，实现生态效益与经济效益的双赢。

成果亮点　应用椰林"种-养"结合的高效生态模式，可促使椰林营养循环利用，增加椰林经济效益。该成果在我国椰子主产区建立椰林种养复经营示范基地6个，并且利用示范基地在各市县的辐射示范作用、结合农业"科技110"平台、网络、多媒体等手段对椰林种养技术进行大力的宣传和推广，带动了海南广大椰农和企业在椰林下种养，极大程度提高了椰林的土地利用率，解决了大量的就业问题。应用椰林种草养鸡技术，可使种养椰林比单种椰子增加效益3倍以上，使幼龄椰林土地利用率达80%、成龄椰园土地利用率达50%以上。相关成果获2008年度海南省科技进步奖三等奖。

成果单位　中国热带农业科学院椰子研究所。

（三）椰子林下间作技术

1. 椰子优良种苗繁育技术

成果介绍　完全成熟的椰子，在适当的温湿条件下，2个多月便可发芽。把经催芽的种苗移栽到塑料袋中，填营养土育苗。椰子优良种苗繁育技术确定了种果的成熟度与形状标准和最佳种果处理方法，提高发芽率9.62%～10.21%，缩短发芽时间0～18天；明确最佳播种方式，提高发芽率18.89%，缩短发芽时间15.34天；“全根苗”技术提高种苗移栽成活率4.78%～10%，提早出圃90～120天，种苗生长指标显著增加，适合在海南省各地进行推广（图5-36）。

图5-36　椰子优良种苗繁育

技术要点　①选制塑料袋：育苗用袋最好选用深色（黑色）塑料袋，规格一般宽35厘米，长40厘米。装袋前在袋的中下部均匀地打圆孔，以便排水。②制备营养土：营养土是指混有有机肥和适量化肥的肥沃土壤，应拌匀。③起苗装袋：起苗一般用锄头或专制的起苗镐，将种苗挖起，随即装袋。④种苗管护：种苗装袋后，按行距40厘米，开好深宽各25厘米的植沟，随后把袋装苗按株距50厘米呈三角形放置于沟中，培土至袋1/2为宜。

成果亮点　该技术国内领先，建立了“全根苗技术”为核心的椰子种苗繁殖技术，经过技术熟化，已经形成一整套椰子优良种苗繁育体系，显著缩短育苗时间，提高移栽成活率，为椰子新品种推广作出了贡献。该技术已在海南推广应用。“椰子全根苗技术”于2014年获批国家发明专利；“以全根苗技术为核心的椰子种苗繁育技术体系研究与推广利用”获2014年海南省科技进步奖二等奖、2015年中华农业科技奖三等奖。

成果单位　中国热带农业科学院椰子研究所。

2. 幼龄椰林间种菠萝技术

成果介绍：椰子是热区农民重要的经济收入来源之一。椰子种植周期较长，种植户前5年收益甚微，如果没有间作模式来补充收益，很难应对收成“空窗期”。菠萝是深受消费者喜爱的热带水果之一，是特色高效的热带经济作物。幼龄椰林间种菠萝技术，是根据椰子在幼龄期采用间种的模式，达到显著提高幼龄椰林土地综合利用率、降低幼龄椰林生产成本、提高单位面积椰林经济效益的技术。椰林下间种菠萝，由于两者对营养元素吸收具有互补性，菠萝根茬还田增加了营养物质的归还量，提高了营养物质的利用率，系统的功能得到明显的增强（图5-37）。

图5-37　幼龄椰林间种菠萝

幼龄椰林间种菠萝技术操作流程主要涉及园地选择、种苗选择、种植技术、田间管理、病虫害防治及果实收获。椰子-菠萝复合经营是一种生产力较高、资源利用率较好的热带作物优化栽培模式。应用幼龄椰林间种套种栽培技术，充分利用幼龄椰林的光照、水分、养分以及株间作物的相互作用，形成幼龄椰林间种菠萝高效栽培和配套技术体系；应用幼龄椰林间种菠萝复合生态种植模式，促使幼龄椰林营养循环利用，增加幼龄椰林生长阶段经济效益。

成果亮点 该技术在我国椰子主产区建立幼龄椰林间种菠萝示范基地5个，并且利用示范基地在各市县的辐射示范作用、结合农业“科技110”平台、网络、多媒体等手段对幼龄椰林间种菠萝技术进行大力宣传和推广，带动了海南广大椰农和企业在幼龄椰林下间种菠萝，极大程度提高了椰林的土地利用率，解决了大量的就业问题并提高了经济效益。配套相应的栽培管理技术，可使幼龄椰林间种菠萝比单种椰子增加短期经济作物菠萝的效益，达到以短养长的目的，使幼龄椰林土地利用率达85%以上。该技术获2008年度海南省科技进步奖三等奖。

成果单位 中国热带农业科学院椰子研究所。

3. 椰子林下间作可可技术

成果介绍 可可（*Theobroma cacao* L.）是梧桐科可可属常绿小乔木，营养丰富，味醇香，是世界三大饮料作物之一，在国际农产品生产贸易中享有重要地位。我国可可主要分布在海南、云南和台湾，是特色热带经济作物。随着全球市场对高品质巧克力需求的攀升，对可可原料的需求量也越来越大，目前的可可产量已不能满足产业可持续发展的需求。可可正常生长发育需要一定的荫蔽度，适宜与椰子等热带经济林间作，可充分利用土地，增加单位面积经济效益，受到越来越多农业经营者的青睐（图5-38）。

图5-38 椰子林下间作可可

技术要点 ①林地选择：以本地高种椰子为主，种植密度为（6.0米×9.0米+6.0米×6.0米）/2，荫蔽度为50%～70%，株高11～20米。②林地整地：清理好椰子林地内的枯枝落叶、烂果、杂草及杂物，并对林下土壤进行深翻，均匀撒过磷酸钙，整地备播。在土壤处理时不能施未腐熟的有机肥。③种苗：杂交种可可为当年生苗。④定植：间种前对椰子进行断根处理，即在距离树头1米处挖30厘米×75厘米（宽×深）的直沟，挖后不回土。定植可可种植密度为2.0米×2.0米。⑤田间管理：每株可可基施有机肥，并于每年对可可轮流穴施有机肥、化肥和复合肥。考虑光照对可可的影响，适时整形修枝。⑥病虫害防治：危害可可嫩枝及果实的虫害，以及经由寄生生物导致的病害，其中最严重危害来自粉蚧所引起的枝条瘤肿病与真菌导致的角果黑腐病，应及时防治。⑦果实收获：果实应在成熟后立即收获。收获应在次要收获期间每两周进行一次，在高峰期每周进行一次。

成果亮点　可可成龄后每年约有10吨/公顷凋落物分解，主要通过这些凋落物分解保持养分循环。间作可可显著提高了椰子产量，间作使土地利用率平均提高70%，经济效益平均提高14%，起到节本增效的作用，还可降低作物间的竞争效应。

成果单位　中国热带农业科学院香料饮料研究所。

4. 椰子林下间作绿肥压青利用技术

成果介绍　柱花草（*Stylosanthes* Sw.）是热带地区普遍种植的豆科绿肥，间作柱花草能显著提高作物的产量。椰子作为我国主要的重点发展热带作物，在海南等热区广泛种植。与其他热带作物相比，椰子的株行距比较大，椰子园特别是幼龄椰子园下存在大量的林下空地，并且光线条件良好。如不利用，将会导致椰子园中杂草丛生，在山区还容易导致水土流失。加上南方热带的土壤普遍为酸性土壤，易导致有机质、氮、磷、钾等矿质养分缺乏，以及产生铝毒等问题。这些问题的有效解决必将有力推动我国椰子产业的发展以及南方农业生态环境问题的改善。在椰子园选择优质豆科绿肥作物间作是解决上述问题的有效途径，椰子园中间作绿肥能充分利用阳光、土地等资源（图5-39）。

图5-39　椰子林下间作绿肥

技术要点　①林地选择：以本地高种椰子为主，椰子树株行距6米×6米。②林地整地：清理好椰子林地内的枯枝落叶、烂果、杂草及杂物，并对林下土壤进行深翻，均匀撒过磷酸钙二次整地备播。在土壤处理时不能施未腐熟的有机肥。③绿肥定植：行间柱花草采用育苗移栽，距椰子树0.5米，株行距为0.5米×0.5米，柱花草生长期间不施肥，每年6月和10月刈割两次，留茬高度0.25米。④压青利用：柱花草间作在椰子树间，刈割后将绿肥埋入施肥坑压青，每年施柱花草绿肥2次，连续3年施肥。

成果亮点　椰子林下间作绿肥压青利用能显著提高了土壤中的有机质含量，提高土壤肥力，减少化肥施用。间作3年后压青处理提升了65.9%的有机质含量。颗粒有机碳、矿物结合态有机碳、重组有机碳以及轻组有机碳分别提升了584.8%、63.1%、460.8%、227.6%。绿肥压青能有效提高土壤全氮和各组分有机氮含量，土壤全氮第三年增加了96.0%，土壤酸解总氮、氨态氮、氨基酸态氮、氨基糖态氮、酸解未知态氮、未酸解态氮分别增加了121.6%、124.3%、91.6%、102.1%、171.7%、49.3%。

成果单位 中国热带农业科学院热带作物品种资源研究所。

5. 椰子林下养殖文昌鸡技术

成果介绍 文昌鸡是海南优质地方家禽品种之一，为海南“四大名菜”之首。椰子林下养殖的文昌鸡肉质好、风味佳，符合人们对高品质食品的需求（图5-40）。

图5-40 椰子林下养殖文昌鸡

技术要点 ①椰子林地选择：选择距离公路主干线、工厂和居民点500米以上的地势高、干燥且较平坦的椰子林地，交通便利，有足够的清洁水源，郁闭度在0.4～0.7。②鸡舍建设：本着就地取材、经济实用原则，利用竹子或不锈钢管、遮阳网、塑料薄膜或铁皮等材料，搭成鸡舍，距地面1.2米左右用竹片钉成鸡床，避免鸡与粪便直接接触，便于清粪；也可在地上做成发酵垫床促进粪便发酵，减少有毒有害气体的产生。③品种选择：适用适应性好、抵抗力强、抗逆性好的文昌鸡品种。④饲养规模：林下以50只/亩的密度为宜，最多不超过100只/亩，以1 000只文昌鸡为一个鸡群，一个鸡群一个牧场。⑤日常管理：购入的鸡苗先行脱温处理再转入鸡舍。雏鸡饲喂全价饲料，促进雏鸡全面生长发育；育成期使用配合饲料，为保证鸡肉品质风味；后期饲养直接饲喂原粮，同时补饲足量的青绿饲料。鸡棚中应配有自动饮水系统。雏鸡30日龄左右就可进行放养，放养时间、放养距离根据鸡群状态逐渐调整，循序渐进。⑥疫病防控：饲养过程做好禽流感等常规疫苗的接种。定期在饲料中添加驱虫药物进行驱虫，并搞好鸡舍、牧场的环境卫生，定期对整个鸡舍进行全面消毒，文昌鸡出栏坚持全进全出原则。

成果亮点 椰子林下生态养鸡，鸡粪作为有机肥可以改良土壤性状，为植物提供养分；同时，林地具有丰富的野草、昆虫，能减少饲料成本，生态鸡肉质鲜美，经济效益良好。在椰子林下养殖文昌鸡，不仅提高林地整体经济效益，增加收入，还能增强椰子林生态服务功能，保护自然环境。文昌鸡养殖周期以4个月、养殖数量以1 000只计算，养殖总成本为2.95万元，总收入达到4.86万元，纯收益达到1.82万元。

成果单位 海南省农业科学院畜牧兽医研究所。

（四）椰子林下产品加工技术

1. 浓缩椰浆低温加工技术

成果介绍 椰子是典型的热带水果，是海南重要的支柱产业之一。海南椰子种植面积50.4万亩，占全国的99%，年产椰子2.32亿个，但国内椰子每年的加工需求量就有25亿个，加工原材料就非常紧缺。浓缩椰浆是以新鲜椰浆为原料，经脱水、乳化、灭菌等工艺制作而成的一种浓缩果浆，具有补充人体营养、驻颜美容、预防疾病等多种功能。在食品工业中，浓缩椰浆可以取代椰肉作为加工原料，生产椰子汁、椰子糖、椰子粉等多种产品（图5-41）。

图5-41 浓缩椰浆

技术要点 该技术采用低温浓缩工艺，在室温条件下，将椰肉破碎，再压榨得椰浆，最后将椰浆放置于离心机中离心，即得到浓缩椰浆。该技术突破了传统加热工艺对浓缩椰浆颜色和风味的影响，不仅浓缩速度快、浓缩效率高，不添加任何防腐剂和调味料，而且能有效保留椰浆原有的风味成分。在低温条件下进行，与传统真空旋转浓缩椰浆的方法相比，能防止椰浆褐变，生产出的椰浆色泽为乳白，有新鲜椰子淡淡的清香。该技术在椰子加工业中的应用，可有效缓解我国椰子加工业原料供应紧缺的矛盾。

成果亮点 该技术采用突破了传统加热工艺对浓缩椰浆颜色和风味的影响，能有效保留椰浆原有的风味成分。推动浓缩椰浆在椰子加工业中的应用，缓解我国椰子加工业原料供应紧缺的矛盾。浓缩温度低，产品色泽和风味佳，稳定性好，可作为毛椰子果的替代性进口原料，减少运输成本，增加产业效益。随着生活水平和健康意识的逐渐增强，椰浆市场不断扩大，2018年已经达到60亿元，椰子的加工、运输成本很大，国内椰子90%靠进口，每年的加工需求量就有25亿个椰子，加工原材料就非常紧缺。浓缩椰浆可以取代椰肉作为加工原料，生产椰子汁、椰子糖、椰子粉等多种产品，市场前景广阔。

成果单位 中国热带农业科学院椰子研究所。

2. 天然椰子油制备及深加工技术

成果介绍 椰子是典型的热带水果，素有“生命树”之称，是海南的一张特色文化名片。海南省椰子种植占全国的99%，年产椰子2.32亿个，但国内椰子每年的加工需求量就有25亿个，加工原材料非常紧缺，我国椰子油及其分离品进口数量超过1.7万吨。椰子油是从椰子的果肉部分压榨而来，是国际上椰子加工的主要产品，也是国际油脂贸易的大宗产品之一。椰子油是天然的植物饱和油脂，富含中链脂肪酸；椰子油稳定性佳，不容易被氧化，具有耐高温又易于保存的特性，是一款对人体健康益处颇多的植物油（图5-42）。

图5-42 天然椰子油

天然椰子油制备及深加工技术涉及干法和湿法工艺，包括适宜不同加工规模的生产工艺。其中干法工艺以椰肉粉为原料，经低温压榨半精炼制备；湿法工艺以椰浆为原料，采用物理破乳方法制备出天然椰子油。尤其是湿法工艺获得的天然椰子油保留了椰子油中大部分的生育酚、生育三烯酚和多酚等活性物质，具有更高的抗氧化、血脂调节功能，能有效降低总胆固醇、甘油三酯、低密度脂蛋白胆固醇和超低密度脂蛋白胆固醇的水平，同时提高高密度脂蛋白胆固醇的水平，同时还具有抑菌、消炎等效果。

成果亮点 集成高效制备、质量控制和贮藏加工等椰子油加工关键技术，针对不同条件和投资额筛选出5种湿法制备天然椰子油的工艺，确定了2种适合工业化大生产的稳定工艺，掌握椰子油品质控制技术，初步开发出天然椰子油加工产品5项，明确了产品功能特性，产品保质期达24个月以上。成果获授权发明专利3项。在印度尼西亚建立2条规模化生产线，在国内为企业初榨椰子油生产提供全套技术方案。

成果单位 中国热带农业科学院椰子研究所。

3. 椰子水贮藏保鲜及加工综合利用技术

成果介绍 椰子是典型的热带水果，海南椰子种植占全国的99%，年产椰子2.32亿个。椰子水是椰子果实腔内的液体胚乳，近年来以其天然、营养、健康的特性受到人们的广泛关注，在欧美市场尤受欢迎。夏季椰子水开壳后不超过4小时即变味浑浊，最适于作为饮料的椰子水仍局限于未成熟椰子果中的嫩椰子水，在海南比例高达40%。目前，对于椰子水加工，热处理联合化学添加等技术已经成熟并应用在工业生产上，但都不可避免地会改变椰子水的口感、风味和色泽。寻找和掌握一种既能保持天然的口感、风味和色泽，又能有较为理想货架期的椰子水工业化生产技术是当务之急（图5-43）。

椰子水贮藏保鲜及加工综合利用技术包括椰青加工贮藏保鲜技术、椰子水原料贮藏保鲜加工技术、椰子水低温贮藏保鲜技术、椰子水高温杀菌技术、椰子水浓缩技术等。这些技术中包含天然椰子水色变和味变控制技术，掌握了100%天然嫩椰子水饮料、100%天然老椰子水饮料、水果复合椰子水饮料和复原椰子水饮料等关键技术，保质期最长可达12个月，有效地解决椰子水的资源浪费和高附加值利用问题。

图5-43　椰子水贮藏保鲜

成果亮点　椰子水贮藏保鲜及加工综合利用技术既能保持天然的口感、风味和色泽，又能有较为理想货架期的椰子水工业化生产，研发了100%天然嫩椰子水饮料、100%天然老椰子水饮料、水果复合椰子水饮料和复原椰子水饮料等产品，为解决椰子水的资源浪费和高附加值利用探索了一条有益的新途径。该成果申请专利达10余项。目前已与部分企业达成合作并成功向市场推广应用，包括椰青果、椰子鸡汤原料，超高压瓶装椰子水，超高温瞬时杀菌椰子水等。

成果单位　中国热带农业科学院椰子研究所。

（五）椰子景观利用模式

椰子景观科技旅游利用模式

成果介绍　椰子大观园始建于1980年，位于海南省文昌市，为国家4A级旅游景区。园区总占地面积443亩，是以椰林为主体背景，集科学研究、科普教育、旅游观光、休闲娱乐为一体，具有浓郁椰子文化特色的生态景区，也是我国目前棕榈植物品种保存最多、最为完整的植物园区，被誉为“世界椰子博览，中国椰子之窗”（图5-44）。

椰子大观园收集保存椰子等热带棕榈种质资源200多种共600多份，承担着热带经济棕榈的种质资源收集、保存、迁地保护等基础性工作，为热带棕榈育种、生产和其他科研提供保障。自建园以来，坚持充分挖掘椰乡文化、突出科技内涵，通过集中展示椰子科技成果、产品文化、饮食文化、历史文化和精神文化，主动扛起热带经济棕榈作物和木本油料研究和科普任务。椰子大观园通过整合椰子研究所农业科技力量，打造成为“九区一馆”综合性主题景区，包括国家热带棕榈种质资源圃、椰子侠勇士营，椰林迷宫、椰树精神、奇异椰子、椰林婆娑、椰林湖光、游客驿站、星空露营地和椰子科普馆核心旅游资源。

成果亮点　椰子大观园打造以“推进椰子产业与旅游融合发展”为核心的椰子主题综合旅游景区，以弘扬椰树精神，延伸椰子产业链，开发椰子产业发展平台为使命，成为海南文旅项目和研学教育建设的典范，被评为“全国科普教育基地”“全国热带作物科普基地”“海南省科学普及教育基地”“海南省科普教育基地”“海南省中小学生研学实践教育基地”“海南省休闲农业示范基地”“海南省休闲观光果园”等。2021年度全国科普日优秀活动中，全国棕榈科普基地荣获“优秀先进集体称号”等称号。

成果单位 中国热带农业科学院椰子研究所。

图5-44 椰子大观园

三、槟榔林下经济产业技术成果

（一）槟榔品种

热研1号槟榔

成果介绍 热研1号槟榔是从海南本地种槟榔中选育出的新品种，成为目前我国唯一的槟榔新品种（图5-45）。

主要性状 ①果形好：果实为长椭圆形，果肉厚，纤维含量低，加工后外形纹路细腻清晰，具有符合加工市场需求的特性；②高产稳产：平均年产鲜果9.52千克/株，相比海南农家自留种产量提高约12%；③节间短：树体节间较短且性状稳定，有利于田间管理、果实采摘及降低风害影响。该品种定植后3～4年开花结果，7～8年达盛产期，经济寿命约40年以上。相比于当地品种，该品种商品性好，高产稳产，取得了较好的经济效益，获得了广大槟农的高度认可。

适宜区域 热研1号槟榔可在海南省全岛及云南西双版纳地区种植。

成果亮点 热研1号槟榔累计推广应用2.5万亩，技术覆盖率达85.5%；预计鲜果收获经济效益1.92亿元，新增利润1.60亿元。热研1号槟榔2010年通过海南省审品种，2014年通过国审品种审定（热品审2014011）；入选海南省2023年十大农业主导品种；被评为中国热带农业科学院2020年十大科技转化成果。

成果单位　中国热带农业科学院椰子研究所。

图5-45　热研1号槟榔

（二）槟榔林下间作技术

1. 槟榔/胡椒间作高效种植技术

成果介绍　槟榔和胡椒是海南极具地方特色与优势的重要热带经济作物，热引1号是当前海南主栽胡椒品种，具有耐阴特性，以综合经济效益及间作互惠协同为评价指标，筛选出最佳槟榔/胡椒间作高效种植技术模式（图5-46）。该技术研究了槟榔/胡椒间作体系地上部和地下部种间互作机制，明晰了间作后适度遮阴改善了胡椒光环境，促进灌浆期光合作用；地下部根系互作提高土壤养分利用率和微生物多样性，对胡椒连作障碍具有明显消减效果，揭示间作优势形成机制。在明晰间作消减机制基础上，以充分发挥间作优势、降低种间竞争为出发点，研究提出槟榔“品”字形间作的配置方式，主花期、灌浆期剪除槟榔中下部老叶1～3片的整形修剪技术，以及以胡椒为主、槟榔为辅的施肥技术，间作较单一连作低产胡椒平均增产30%，在克服连作障碍的同时，构建了稳定、高效的间作生产体系。

图5-46　槟榔/胡椒间作

成果亮点 应用生物多样性控害原理，提出以间作生态化方式消减胡椒连作障碍新思路，筛选出适宜间作模式，配套研发槟榔/胡椒间作增产增效技术，以提高生态系统多样性为核心解决胡椒连作障碍。成果在我国海南、云南主产区及柬埔寨桔井省示范推广，应用效果良好，间作体系年平均每公顷增产2 878千克、增收6.8万元。间作面积由项目实施初期约8 000亩增加到目前近10万亩，有力促进了胡椒、槟榔产业可持续发展。“槟榔/胡椒间作高效种植技术”获农业农村部“十三五”第一批热带南亚热带作物主推技术，为农业农村部胡椒优势区域布局规划提供了科学依据和技术支撑，整体技术达到国际领先水平。研究成果“胡椒连作障碍形成机理及间作槟榔消减关键技术研究”获海南省科技进步奖二等奖，作为核心创新内容支撑获神农中华农业科技进步奖一等奖。

成果单位 中国热带农业科学院香料饮料研究所。

2. 槟榔-香草兰间作轻简化栽培技术

成果介绍 香草兰是兰科香草兰属多年生热带藤本香料作物，其加工产品含有250多种天然芳香成分和16种氨基酸，素有“天然食品香料之王”的美誉，具有很高的经济价值。香草兰的生长需要一定的荫蔽度，研究表明，50%～70%的荫蔽度有利于香草兰的生长发育，而槟榔园恰巧能为香草兰提供合适的荫蔽度，同时可促进水肥的共享和利用，因此槟榔园非常适合间种香草兰（图5-47）。

图5-47 槟榔-香草兰间作

目前槟榔-香草兰间作的栽培模式（石柱+起畦+遮阳网）的建园成本（不包含种苗成本）很高，约为2万元/亩；同时，目前的起畦复合栽培模式需定期不定期地对畦面进行修整，管理成本较高。研究团队针对传统槟榔-香草兰间作模式存在的建园成本高及管理费时费工等问题，开展轻简化节本增效型槟榔-香草兰间作模式研究，通过使用经济环保型建园材料，使用黑盐木边角废弃料代替石柱（水泥柱）；改进香草兰栽培基质配方和栽培模式，采用无顶网栽培，使用控根器围网代替起畦，改进香草兰栽培基质配方，增加生防菌、腐殖酸和陶粒，完善水肥一体化设施，提高水肥保持和吸收利用能力，其每亩建园成本比石柱+起畦+遮阳网的复合栽培模式的建园成本（不包含种苗成本）降低超过50%，管理工时比原来减少30%以上，促进了节本增效。

成果亮点　槟榔-香草兰间作轻简化栽培模式降低了建园成本和生产成本，促进了资源的高效利用，改善土壤物理性状和林地生态环境，效益显著。香草兰种植3年左右开花结果，槟榔园间作香草兰平均年产香草兰鲜果50千克/亩，按照海南香草兰鲜果近年的市场收购价300元/千克估算，单位面积收益约15 000元/亩，扣除香草兰的年生产管理成本6 000元/亩，新增效益9 000元/亩。可见，槟榔林下间作香草兰栽培模式经济效益显著，极大地提高了槟榔园林地经济收益。目前，研究团队已建成了面积25亩的槟榔-香草兰间作轻简化栽培示范基地。

依托该研究成果，编写出版了《槟榔栽培》《槟榔园间作实用技术》等著作。在目前槟榔产业转型的关键时期，推广、普及槟榔-香草兰间作轻简化栽培技术，对海南精准扶贫、产业脱贫和乡村振兴，维护社会稳定都具有重要意义。

成果单位　中国热带农业科学院椰子研究所。

3. 槟榔等林下间作斑兰叶栽培技术

成果介绍　斑兰叶的学名是香露兜（*Pandanus amaryllifolius* Roxb.），是近年来海南培育和主推的新兴热带特色高效农业优势作物。斑兰叶叶片天然散发一种类似粽子香味的天然香气，同时叶片富含角鲨烯、亚油酸、草稿脑等活性成分，有增强细胞活力、加快新陈代谢、提高人体免疫力等作用，有“东方香草”美誉之称，广泛应用于食品、医药和化妆品等领域，经济价值和应用前景广阔。斑兰叶光饱和点低，适宜在林下种植，是海南槟榔、椰子、橡胶等林下间作的优势作物。但生产上林地选择不规范、种苗质量参差不齐以及水肥管理、病虫害防控、采收等技术缺乏影响斑兰叶产业发展。该技术以林地选择、种苗标准、园地准备、定植、水肥管理、病虫害防治、采收等相结合的技术路线，建立林下间作斑兰叶栽培技术体系。该技术实用性强，且易于操作，对于提高斑兰叶产量和品质，推动海南斑兰叶产业高质量发展具有重要意义（图5-48）。

图5-48　槟榔林下间作斑兰叶

成果亮点　自2018年以来，林下间作斑兰叶栽培技术在海南省万宁、琼海、陵水、海口、保亭、琼中、文昌、儋州等地推广应用，槟榔林下示范基地年产值增加超过6 000元/亩。技术累计示范辐射推广1万亩以上，产量逐年上升，品质优良，应用效果良好，带动当地老百姓增收致富，经济效益、生态效益和社会效益显著，推广前景广阔，对斑兰叶产业高质量发展、带动产业升级均具有重要促进作用。

制定农业行业标准《香露兜种苗》，海南省地方标准《林下间作斑兰叶（香露兜）栽培技术规程》《斑兰叶（香露兜）种苗》《斑兰叶（香露兜）种苗繁育技术规程》。“林下间作斑兰叶栽培技术”入选海南省2023年农业主推技术，以林下间作斑兰叶栽培技术为核心的科技成果“斑兰叶高通量种苗繁育及槟榔林下高效栽培技术”获第二十三届高交会优秀创新技术，“斑兰叶种苗繁育及林下栽培技术”获第二十三届高交会优秀产品奖，“斑兰叶种苗繁育及林下栽培技术”获中国热带农业科学院“十三五”十大转化技术成果。

成果单位　中国热带农业科学院香料饮料研究所。

4. 槟榔林下间作益智技术

成果介绍　益智（*Alpinia oxyphylla* Miq.）别名为益智仁、益智子，姜科山姜属多年生草本植物，是我国“四大南药”之一，临床常用的中药材，益智栽培管理粗放，喜半荫蔽环境，在荫蔽度60%～70%时生长良好，但在强光下生长缓慢、产量低甚至绝产，非常适宜与槟榔等经济林进行间作，是用工少、见效快的经济作物（图5-49）。

图5-49　槟榔林下间作益智

技术要点　①园地选择：地势平坦或者较平缓，坡度不超过20°；槟榔树龄在2年以下；种植株行距一般株距1.5～2.5米、行距2.5～4米，林间隙地大；靠近水源、水量充足且灌溉方便；槟榔长势良好。②植前准备：具体包括合理规划和整地、施足底肥和种苗选择。③栽培管理：主要包括益智的种苗选择、栽种、灌溉排水、除草松土、追肥、保果、修剪、采收加工等，按照相关益智栽培管理技术规程操作。

成果亮点　槟榔林下间作益智经济效益：年均产干果50千克/亩，按照近年市场收购价48元/千克估算，单位面积收益约2 400元/亩；间种益智后减少的槟榔园控草等生产管理成本每年约300元/亩；益智的年生产管理成本1 000元/亩；则年新增收益约1 700元/亩。在目前槟榔产业转型的关键时期，推广槟榔林下间作益智技术，能充分利用光能和土地资源，形成主间作物间生产和生态平衡协调，同时减少人工除草支出和化学除草剂的施用，降低槟榔园生产管理成本，增加效益，具有重要意义。

成果单位　中国热带农业科学院椰子研究所。

5. 幼龄槟榔林下间作花生技术

成果介绍　槟榔为“四大南药”之一，海南省槟榔种植面积230万亩。幼龄槟榔为营养生长阶段，其生长主要是根、茎、叶的营养生长，需要氮素较多。土壤肥力较好、灌溉设施配套的幼龄槟榔园，适宜间种一些短期经济作物，降低槟榔园生产管理成本，拉长产业链条，实现林地效益最大化，实现促林增效促民增收。花生是我国主要的油料作物之一，具有抗旱、耐瘠、适应性强等优点，其根瘤菌可以固氮，在作物轮作中占有重要位置。槟榔园间种花生可改良土壤，提高林地肥力。花生根部有根瘤菌共生，能固定空气中的氮素，增加土壤含氮量；花生收获以后，残根落叶和部分根瘤留在土壤中，可增加土壤的有机质，促进微生物的活动，改善土壤理化性质，改善林地生态环境，促进槟榔的生长（图5-50）。

图5-50　幼龄槟榔林下间作花生

技术要点　①园地选择：地势平坦或者较平缓，坡度不超过20°；槟榔树龄在2年以下；种植株行距一般株距1.5 ~ 2.5米，行距2.5 ~ 4米，林间隙地大；靠近水源、水量充足且灌溉方便；槟榔长势良好。②植前准备：具体包括翻耕和土壤消毒、施足基肥和种子准备和处理。③栽培管理：主要包括花生的播种、除草、查苗补种、中耕培土、水肥管理、病虫害防治和收获等，按照相关花生栽培管理技术规程操作。

成果亮点　幼龄槟榔园间作花生平均每亩年收获鲜花生300千克，按照鲜花生平均售价8元/千克估算，年收益2 400元/亩；间种花生后能够替代0.3吨/亩有机肥每年减少成本约240元/亩，减少的槟榔园控草等生产管理成本每年约300元/亩；花生的年生产管理成本1 000元/亩，则年创收约1 940元/亩。

已建立幼龄槟榔园间作花生技术示范面积500亩，在目前槟榔产业转型的关键时期，推广幼龄槟榔林下间作花生技术，可抑制杂草生长、改善土壤理化性状、提高土壤肥力、减少槟榔黄化病的发生，同时减少人工除草支出和化学除草剂的施用、降低槟榔园生产管理成本，最终增加效益，具有重要意义。

成果单位 中国热带农业科学院椰子研究所。

6. 幼龄槟榔林下间作柱花草技术

成果介绍 槟榔为“四大南药”之一，海南省槟榔种植面积230万亩。幼龄槟榔为营养生长阶段，其生长主要是根、茎、叶的营养生长，需要氮素较多。土壤结构差、肥力较低的幼龄槟榔园，以间种绿肥为宜，可抑制杂草生长、改善土壤理化性状、提高土壤肥力，降低槟榔园生产管理成本。柱花草别名巴西苜蓿，是豆科柱花草属多年生草本植物，具有饲料、肥料和保水三大功能，因其营养价值高、产量高、草质好、易于种植、耐热、耐低磷、耐干旱、抗虫害等特点，成为热带和亚热带地区广泛种植的优良牧草。作为绿肥，柱花草根瘤菌可以固定空气中的氮，进而增加土壤中的氮；大量落叶可以增加土壤中的有机质，改良土壤结构，提高土壤肥力；其较强的根系能涵养土壤水分，防止水土流失（图5-51）。

图5-51　幼龄槟榔林下间作柱花草

技术要点 ①园地选择：地势平坦或者较平缓；槟榔树龄在4年以下；种植株行距一般为株距1.5～2.5米，行距2.5～4米，林间隙地大；靠近水源、水量充足且灌溉方便；槟榔长势良好。②植前准备：包括整地和备耕，以及品种选择。③栽培管理：包括柱花草的播种、除草、水肥管理、病虫害防治和刈割等，按照相关柱花草栽培管理技术规程操作。

成果亮点 幼龄槟榔林下间作柱花草平均每亩年产草粉0.56吨，按照草粉价格1 500元/吨估算，年收益约840元/亩；能够替代1吨/亩有机肥和减少30千克/亩化肥约830元/亩，减少槟榔园控草等生产管理成本每年约300元/亩；柱花草的年生产管理成本300元/亩，则年新增收益约1 670元/亩。在目前槟榔产业转型的关键时期，推广幼龄槟榔林下间作柱花草技术，可抑制杂草生长、改善土壤理化性状、提高土壤肥力、减少槟榔黄化病的发生，同时减少人工除草支出和化学除草剂的施用、降低槟榔园生产管理成本、缩短槟榔树结果时间，最终增加效益，具有重要意义。

成果单位 中国热带农业科学院椰子研究所。

7. 槟榔林下生态养鹅技术

成果介绍　槟榔为“四大南药”之一，海南省槟榔种植面积230万亩。槟榔树茎笔直，干高叶少，林下空间充足，空气流动性好，同时还有一定的荫蔽度，适合林下养殖。在槟榔园林下养鹅，由于环境良好，空气新鲜，鹅的活动空间大，提高了鹅的成活率和降低了鹅的发病率。鹅在林下自由觅食，啄食杂草和害虫，同时鹅产生的粪便与吃剩的草渣、枯叶混合，增加了土壤中有机质含量，促进了槟榔生长（图5-52）。

图5-52　槟榔林下生态养鹅

技术要点　①品种选择：重点考虑生命力旺盛，适应性广，抗逆性强的优良品种。②舍地选择：建在地势较高、干燥、水源充足、排水良好的地方。如果槟榔园是旱地，须建水池或池塘，长×宽一般为2米×3米，每0.27公顷左右建1个。如果槟榔园内有很多水沟，则无需要建水池，把沟做大做深一些即可。③放养密度：放养密度约为每亩20只，一年养2批，保证鸡群健康生长。④喂养方法：定时、定点饲喂，视情况增减饲喂量，不可过多或过少，如虫害较重时，减少补料，让鹅处于半饥饿状态，大量采食害虫，充分发挥防治害虫的目的。⑤土壤治理：槟榔园1～2年翻耕一次，防止土壤板结，适当播种一些耐阴牧草，以补充野杂草的不足。

成果亮点　槟榔园林下养鹅每亩每批次养殖20只鹅，每年2批次，每只体重4千克，平均单价50元/千克，每年单位面积收益约8 000元/亩；林下养鹅后减少的槟榔园防控草害和虫害的生产管理成本每年约300元/亩；槟榔园养鹅成本按照投资鹅舍、水电、人工及饲料等平均70元/只估算，40只每年成本约2 800元/亩；年新增收益约5 500元/亩。在目前槟榔产业转型的关键时期，推广槟榔园林下生态养鹅技术，对海南槟榔园防止虫害和草害的发生，提高土壤肥力，丰富槟榔园产品结构，提高土地利用率，降低槟榔园生产管理成本，提高林地单位面积产值，助力脱贫攻坚和乡村振兴具有重要意义。

成果单位　中国热带农业科学院椰子研究所。

8. 槟榔林下生态养鸡技术

成果介绍　槟榔为“四大南药”之一，海南省槟榔种植面积230万亩。槟榔树茎干笔直，干高叶少，林下空间充足，空气流动性好，同时还有一定的荫蔽度，适合林下养殖。在槟榔园养鸡，不仅提高土地利用率，提高林地单位面积产值；同时鸡可以自由活动，

图5-53　槟榔林下生态养鸡

啄食虫蚁、杂草等，食物丰富，营养充足，有利于鸡的健康生长。由于鸡有扒地等习性，加上排出的粪便，槟榔园里放养的鸡群一定程度上起到了除害虫、松土壤、施有机肥等作用，非常利于槟榔树的生长（图5-53）。

技术要点　①品种选择：重点考虑生命力旺盛，适应性广，抗逆性强的优良品种，同时宜选择本地鸡。②舍地选择：舍地建在地势较高，干燥，水源充足，排水良好的地方，林地形成天然屏障和隔离区。鸡舍要通风透气，又要避免日晒雨淋，适宜坐北朝南，这样通风透光性好，减少疫病传播。③放养密度：放养密度约为每亩50只，每年养2批，保证鸡群健康生长。④喂养方法：定时、定点饲喂，视情况增减饲喂量，不可过多或过少，如虫害较重时，减少补料，让鸡处于半饥饿状态，大量采食害虫，充分发挥防治害虫的目的。⑤土壤治理：槟榔园1～2年翻耕1次，防止土壤板结。

成果亮点　槟榔园林下养鸡每亩每批次养殖50只鸡，每年2批次，每只体重2千克，平均单价40元/千克，每年单位面积收益约8 000元/亩；林下养鸡后减少槟榔园防控草害和虫害的生产管理成本每年约300元/亩；槟榔园养鸡成本按照投资鸡舍、水电、人工及饲料等平均40元/只估算，100只每年成本约4 000元/亩；年新增收益约4 300元/亩。在目前槟榔产业转型的关键时期，推广槟榔园林下养鸡技术，对海南槟榔园防止虫害和草害的发生，提高土壤肥力，丰富槟榔园产品结构，提高土地利用率，降低槟榔园生产管理成本，提高林地单位面积产值，助力脱贫攻坚和乡村振兴具有重要意义。

成果单位　中国热带农业科学院椰子研究所。

（三）槟榔加工产品技术

槟榔、椰子植原体病害快速高效检测技术

成果介绍　植原体是一类尚难分离培养的原核致病菌，由植原体引起的槟榔、椰子病害是致死性的。槟榔黄化病植原体在槟榔上引起叶片黄化，新叶发育不良，雌花和未成熟果实过早脱落。椰子黄化病植原体发病初期从椰子叶顶端开始褪绿黄化，后期心部腐烂，在产果树上，各种大小椰子果实在未成熟时脱落，整个花序顶部变黑坏死。研究团队针对槟榔、椰子等棕榈作物植原体病害研究难点及其产业瓶颈问题，建立了槟榔、椰子植原体病害准确、快速、灵敏、高效的检测技术体系（图5-54）。

技术要点 ①针对我国槟榔黄化植原体序列特征，建立了其LAMP（环介导等温扩增）快速可视化检测技术，该技术操作简便、检测时间短（40分钟内可完成），检测结果肉眼可视，适用于田间诊断与推广应用。②全球率先将微滴式数字PCR技术（基因扩增技术）应用于槟榔黄化病研究中，建立了槟榔黄化植原体高灵敏检测技术，灵敏度数量级达10^{-2}拷贝/微升（20微升），与已报道的检测技术相比，灵敏度提高了约1 000倍。③建立了全球椰子致死性植原体通用型LAMP快速可视化检测技术，该技术一个反应体系可同时检测全球已知的6类椰子致死性植原体，且检测反应仅需40分钟，极大提高了这一全球重大检疫性病害的检测效率。

成果亮点 该成果立足于热带农业“卡脖子”问题，成功建立了槟榔、椰子病原植原体快速、高效检测技术，为相关病害高效检测与精准监测提供技术支撑。研发的其病原快速、高效检测技术已获授权国家发明专利2项——“槟榔黄化植原体微滴式数字PCR检测试剂盒、方法及应用”“椰子致死性植原体通用型快速可视化检测试剂盒及应用”；初步形成槟榔黄化植原体快速可视化检测试剂盒产品1件；联合三亚市热带作物技术推广服务中心等单位在海南三亚等地区进行了初步的技术推广应用。可应用于种苗和新种植区的检测监测及口岸检疫，有效降低外来有害生物入侵风险，防止国内相关病害的扩散流行，为海南乃至全球热区槟榔、椰子产业健康可持续发展保驾护航。

成果单位 中国热带农业科学院椰子研究所、海口海关热带植物隔离检疫中心、中国热带农业科学院环境与植物保护研究所。

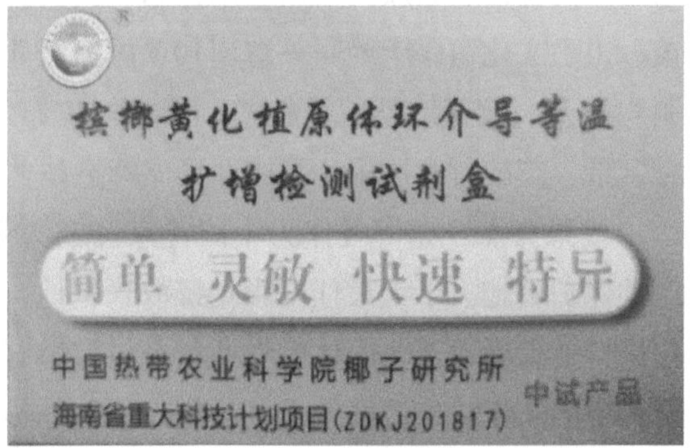

图5-54 槟榔黄化植原体LAMP检测试剂盒

（四）槟榔景观利用模式

槟榔景观文化旅游利用模式

成果介绍 海南槟榔谷黎苗文化旅游区创建于1998年，位于保亭县与三亚市交界的甘什岭自然保护区境内，为国家5A级旅游景区。景区坐落在万余棵亭亭玉立、婀娜多姿的槟榔林海，并置身于古木参天、藤蔓交织的热带雨林中，规划面积5 000余亩。槟榔谷因其两边森林层峦叠嶂，中间有一条延绵数千米的槟榔谷地而得名。景区由非遗村、甘什黎村、谷银苗家、田野黎家、《槟榔·古韵》大型实景演出、兰花小木屋、黎苗风味美食街七大文化体验区构成，风景秀丽。景区内还展示了10项国家级非物质文化遗产，其中“黎族传统纺染织绣技艺”被联合国教科文组织列入非物质文化遗产急需保护名录。槟榔谷还是海南少数民族传统节日“三月三”“七夕嬉水节”的主要活动举办地之一，文化魅力十足，是海南民族文化的“活化石”（图5-55）。

图5-55　海南槟榔谷黎苗文化旅游区

核心资源　一台——大型原生态黎苗文化实景演出《槟榔·古韵》；二族——黎族和海南苗族；四宝——镇园四宝，分别为龙被、树皮布、绣面文身和鼻箫；五项——五大体验项目，分别为高空滑索、竹竿舞、拉乌龟、攀藤摘花、牛拉木轮车；七区——非遗村文化体验区、百年古黎村文化体验区、谷银苗家文化体验区、《槟榔·古韵》大型实景演出体验区、黎苗风味饮食文化体验区、兰花小木屋民宿体验区、田野黎家民俗体验区；九馆——文身馆、黎族民俗馆、陶艺馆、图腾艺术馆、无纺馆、麻纺馆、棉纺馆、黎锦龙被馆、山栏文化馆；十绝——海南10项国家级非物质文化遗产项目，黎族打柴舞、黎族原始制陶技艺、黎族纺染织绣技艺、黎族树皮布制作技艺、黎族钻木取火技艺、黎族“三月三”节、黎族竹木器乐、黎族船形屋营造技艺、黎族服饰、海南八音器乐。

成果亮点　槟榔谷作为中国首家民族文化型5A级景区，还是国家非物质文化遗产生产性保护基地、十大最佳电影拍摄取景基地，分别获全国民族团结进步模范集体、国家文化出口重点项目、全国休闲农业与乡村旅游五星级企业等多项国家级和省部级荣誉。海南槟榔谷黎苗文化旅游区秉承“挖掘、保护、传承、弘扬海南黎苗文化，使其生生不息”的使命，向世界再现了海南千年的昨日文明，是海南原住民文化的传承者和创新实践者。

成果单位　海南槟榔谷黎苗文化旅游区。

四、沉香林下经济产业技术成果

（一）沉香品种

1. 热科1号沉香

成果介绍　沉香又名沉水香，是一类特殊的香树结出的混合了油脂（树脂）成分和木质成分的固态凝聚物。沉香为中国古代“四大名香”之首，也被誉为“植物中的钻石”。热科1号沉香来源于黄油格类品种，由白木香优系经系统选育而来（图5-56）。

图5-56　热科1号沉香

主要性状　热科1号沉香树皮颜色为灰白色，叶质为薄革质，较软，多呈黄绿色，叶形为椭圆形，叶尖为渐尖，切开树体观察断面颜色呈黄白色，奶香气味浓，树干受伤后伤口恢复时周围不凸出，愈合能力较弱，结香的颜色呈黄褐色，树干受伤后，向伤口周围扩散面积较大，在相同的结香条件下，其结香木材体积与普通白木香相比，增加30%以上，结香产量随之增加。所含的色酮类成分平均为普通白木香对照的4.6倍。该品种具有易产香、产量高、品质优等特点。

适宜区域　适宜在海南东部、中部、北部地区种植。

成果亮点　热科1号沉香于2016年通过海南省林木品种审定委员会审定。该品种易产香、产量高、质量优，配套良种繁育、栽培技术体系完善、成熟，在广东、海南等沉香主产区栽培广泛，可用于香用、药用沉香的生产。种植8年左右可实现亩产沉香50千克以上，具有较好的经济效益。热科1号沉香品质高，适合制作手串、摆件、工艺品、精油、线香等。生产中，沉香可以作为人工林或者次生林造林的树种加以利用，经济效益和生态效益明显，具有较好的发展前景，同时沉香经济林的发展可带动沉香加工、健康产品、文化旅游产品等产业的发展。

成果单位　中国热带农业科学院热带生物技术研究所。

2. 热科2号沉香

成果介绍　沉香又名沉水香，是一类特殊的香树结出的混合了油脂（树脂）成分和木质成分的固态凝聚物。沉香为中国古代“四大名香”之首，也被誉为“植物中的钻石”。热科2号沉香为引进选育的香用易结香类品种，由白木香优株选育而来（图5-57）。

主要性状　热科2号沉香树冠圆锥形，其树干常弯曲，表面有凹陷现象。小枝及树皮为棕红色，木质部淡黄色，闻有淡奶香气。单叶互生，叶片为椭圆形，伞形花序腋生或顶生，花期4—5月，果期6—7月。主要特点为结香早、产量高、品质优，所产沉香质地柔软，油脂含量高，微辛辣，具有奇楠沉香品质的特性。在幼树期即可结香，所产沉香的特征性成分含量相对较高，色酮类成分相对百分含量平均为普通白木香的12.37倍。适合应用于药品、高档精油、香水等的生产。

适宜区域 适宜在海南东北部、西北部地区种植。

成果亮点 热科2号沉香于2018通过海南省林木品种审定委员会审定，成为首次获得审定的白木香良种。该品种易结香、高产、高品质，配套品种繁育、栽培技术体系完善、成熟，在广东、海南等沉香主产区成为沉香人工种植的主栽品种之一，生产应用面积在数万亩以上。种植5年左右可实现亩产沉香50千克以上，经济效益显著。热科2号沉香结香早、品质优，具有奇楠沉香的品质，可作为人工林或者次生林造林树种加以利用，发展沉香加工业，增加附加值收益，具有较好的市场前景，沉香经济林的发展可带动沉香加工、健康产品、文化旅游产品等相关产业的发展。

图5-57 热科2号沉香

成果单位 中国热带农业科学院热带生物技术研究所。

3. 热科3号白木香

成果介绍 热科3号白木香来源于海南本地黑油材料，经过优树选择、引种驯化、区域试验等多环节选育而成，是首次通过认定的海南乡土白木香品种（图5-58）。

主要性状 热科3号白木香小枝颜色、叶形、叶尖、果实性状、香块质地、香块密度和香气方面与普通白木香具有明显区别，而其他特征与普通白木香并无差异，在花果期、适应性方面也无显著差异。树干受伤后，逐渐发生褐变，沉香物质不断积累，形成黑褐色沉香。所产沉香为黑褐色，密度高，质地硬，油脂含量高，味道辛辣，香气清雅。所产沉香特征性成分倍半萜类种类多、相对含量高，其倍半萜类成分为33种，是普通白木香对照的近2倍；倍半萜类成分相对含量达98.76%，为普通白木香的2.87倍。

图5-58 热科3号白木香

适宜区域 适宜在海南省中部、东部、西部、北部等区域种植。

成果亮点 热科3号白木香来源于地方品种，适应性好，品质突出，于2020通过海南省林木品种审定委员会良种认定。该品种所产沉香具有典型的海南沉香的特性，可用于药用、香用沉香的生产，逐渐在海南沉香产区推广应用，具有较好的经济效益。清闻上炉或火烧香气穿透力强，香气清新自然。适合生产高质量的药用沉香、精油、摆件、手串、线香以及其他各种沉香产品，其附加值效益高，具有较好的市场前景。热科3号白木香的繁育推广，有助于海南省珍稀乡土树种的挖掘与利用，带动地方种植业、加工业的发展，拓展沉香产业链，助推地方经济发展，增加农民的收入，助力乡村振兴。

成果单位 中国热带农业科学院热带生物技术研究所。

（二）沉香林下间作技术

1. 沉香整树结香技术

成果介绍 沉香整树结香技术主要采用配制好的结香制剂，以打点滴输液的方式将结香剂输入树体，通过蒸腾作用将结香剂输送至树体的各部位，模拟白木香自然结香条件从而实现整树结香的目的。整树结香技术可应用于沉香属植物，包括白木香、柯拉斯那沉香、马来沉香等树龄6年以上、胸径达10厘米以上适龄树。结香成功后可在2年左右采香（图5-59）。

图5-59 沉香整树结香

技术要点 ①结香工具：电钻、钳子、钉子、输液袋整套。②钻孔：根据树的大小来确定钻孔的数量，孔的深度至树干1/3～1/2。③输液处理：根据树体大小配制结香剂，将母液稀释至合适浓度，悬挂结香剂。待结香剂输入完毕后及时回收输液袋，把针头拔除，并用一次性筷子打入针孔中密封。④后续管理：实施结香操作后，根据土壤水分状况及时对结香树开展灌水、施肥等管理措施。⑤采香：采用整株挖出或者锯干的方法进行采香。采香后在木材尚未干燥时及时进行加工，剔除白木，收获沉香。

成果亮点 该成果提出并验证了“逆境胁迫+微生物转化”的结香机理，研发了高效、高产、低成本的结香剂，创制了稳定高效的沉香整树结香技术体系，从根本上解决了自然结香难、产香率低的问题。该技术与传统的结香法（砍伤法、打钉法、火烧法、人工接菌法等）相比，具有以下优势：一是效率高，该技术10分钟内完成输液，一次操作即可结香；二是周期短，18～24个月后即可采香，沉香收获时间较传统方法缩短一半以上；三是产量高，平均每棵树可产香1.2千克，产量提高2.6倍；四是成本低，结香成本仅为市场同类产品的1/5。该技术在柬埔寨、马来西亚等东南亚国家和海南、广东等省份示范推广沉香整树结香技术，已结香35万余株，获得了当地香农和政府的高度认可，促进沉香种植业的可持续发展。该技术获得授权4项国家发明专利；制定了海南省地方标准《土沉香整树结香技术规程》，获得中国国际高新技术成果交易会优秀产品奖、中国热带农业科学院十大转化技术成果奖，成果评价为国际领先水平。

成果单位　中国热带农业科学院热带生物技术研究所。

2. 沉香林下棚栽灵芝技术

成果介绍　当前，海南正大力发展沉香产业，努力建成全国最大的沉香精加工基地和世界优质沉香原料基地。深挖沉香产业的发展，研究沉香生态经济，是当前海南沉香行业值得重点关注的热门方向。海南省是我国野生灵芝主产区，有野生灵芝品种80多种，占世界的40%、全国的77.67%，在18个市县均可种植灵芝。灵芝与沉香林不争空间、阳光、水分和养分，具有较高的食、药两用价值，无论从经济效益还是生态效益来看，沉香林下棚栽灵芝都有较好的前景。

技术要点　①沉香林选择：要求选择郁密度70%～80%的成林沉香园，且交通便利，可供水源的林地作为栽培场所。②芝床布局：清理沉香树下的杂草，杂物；用挖掘机等整平芝床的林地；每畦芝床规格为长10～15米，宽1～1.4米。在芝床上撒一层石灰进行消毒杀菌，严格控制污染源。③菌包制作：制备培养基和菌包培养。将培养基装入菌袋后接入菌种，置于发菌房内发菌直至菌丝走透菌包。要求发菌房干净、干燥、透风、阴凉和避光；室内温度控制在24～30℃，湿度控制在60%～70%；发现有杂菌感染应及时处理。④种植管理：菌丝发透后一星期，将菌袋搬运至芝床，排好后，用小刀切掉菌袋口的棉花套。构筑种植棚，盖上塑料薄膜，不要透风，最后再盖上遮阳网，遮阳网要求遮光率达95%以上。控温保湿催蕾，控制棚内相对湿度在90%～95%，温度控制在23～28℃。当原基逐渐发育，表面转成金黄色，芽芝也发育形成后，就封闭两头薄膜，温度控制在30℃以内。⑤病虫害防治：灵芝的病虫害主要有木霉绿霉（青霉）和链孢霉、菌蝇、螨虫等。发现病害时，应及时处置。⑥采收与加工：当灵芝在生长刚出现停止状态时，应立即采收。边采收，边置于太阳光下照晒，若遇阴雨天气，则应烘干。

成果亮点　该技术是海南沉香林下经济模式的创新，可以充分利用海南沉香林下的空间资源，改变传统单一的经济模式，既可实现香菌共赢，提高农业效益；又可优化产业结构，实现经济、社会和生态效益的统一发展。2013年海南省政府办公厅印发《关于大力发展林下经济促进农民增收的实施意见》，将灵芝列入林菌模式十大重点发展模式之一。

成果单位　海南省农林科技学校。

（三）沉香林产品加工技术

1. 沉香功能组分提取与速溶生产技术

成果介绍　沉香为瑞香科植物白木香分泌的树脂，具有行气止痛、温中止呕、纳气平喘之功效。沉香位居中国“四大香料”之首，也是名贵中药材。目前对于沉香叶的应用，主要集中在其粗提取物利用和粗加工沉香茶等产品，高附加值产品较少。为提升沉香功能价值的开发，经技术攻关，形成了沉香功能组分提取与速溶生产技术。

该技术采用自主研发的温控萃取浓缩结合低温薄膜干燥工艺，最大程度保留了沉香叶中的有效成分，构建了沉香热裂解指纹图谱，并应用于沉香酒、沉香速溶茶系列产品开发中。其中，将沉香活性提取物与牛大力、菊花、甘草等配伍开发了沉香速溶茶产品，产品冷热水皆可溶，冲调后产品稳定性好，具有补虚润肺、止咳、美容养颜、助睡眠、清热排毒、降低血脂血糖等多种保健功效，同时对腰肌劳损、风湿性关节炎也有一定的帮助；利用稳态化技术将沉香活性成分和风味成分与酱香基酒复合，开发了稳态化沉香酒产品，该酒兼具沉香的活性与风味，在储存过程中不沉淀、不变色，酒品稳定不上头，酒体饱满、入口绵柔（图5-60）。

图5-60　沉香酒

成果亮点　该技术可应用于功能性速溶固体饮料、液体植物饮料、茶饮料、压片产品、酒等。成果整体技术达到国内领先水平。以沉香酒为例，1瓶沉香酒500毫升所用原料价值约100元，但产品市场价高，技术应用增值潜力巨大。该技术生产的沉香酒、沉香线香等产品已产业化应用，累计为企业创造经济效益近亿元。核心知识产权：一种沉香热裂解指纹图谱的建立方法及其应用（ZL201611136573.2），一种沉香叶速溶茶及其制备方法（CN201610337425.0），一种沉香型浓香酒及其制备方法（CN202010158400.0），一种沉香清香型白酒及其制备方法（CN202010157685.6），一种沉香型酱香酒的制备方法（CN202010166578.X），一种沉香酒生产方法（CN202011622395.0）。

成果单位　中国热带农业科学院农产品加工研究所。

2. 沉香精油高密度提取生产技术

成果介绍　沉香精油由珍贵的沉香提炼而成，是沉香的精华所在。沉香精油对人体有着多重功效，提炼后的沉香油就更显得稀有和珍贵。天然沉香精油中倍半萜、黄酮等物质含量丰富，具有良好的生物活性，在安神抗抑郁、缓解焦虑促进睡眠等方面具有较好的功能活性，可广泛用于香薰、精油等产品。研发高品质沉香高密度精油提取技术，解决了沉香精油提取工艺不稳定、精油产品杂乱、品质不佳的问题。该技术通过采用超临界提取技术联合分子蒸馏纯化技术，在低温条件下提取纯化精油不需要任何辅助溶剂，有效防止热敏性物质的氧化和逸散，提取精油得率为1.5%左右，精油纯度高、安全、绿色，精油功能组分和香气组分保留完整，最大限度保存了精油活性组分。该技术生产的沉香精油，风味高雅，活性组分保留完整，功能良好，在高端精油、香薰、日化品等应用上市场前景广阔（图5-61）。

图5-61　沉香精油

成果亮点　该技术生产的天然沉香精油，倍半萜、黄酮等物质含量丰富，具有良好的生物活性，在安神抗抑郁、缓解焦虑促进睡眠等方面具有较好的功能活性，可广泛用于香薰、精油等产品，适用于高密度精油提取和生产。该技术提取精油得率为1.5%左右，每千克原材料可提取15克左右的精油，按市价约1 500元，原材料约500元，除去加工费用可获得1 000元/千克经济效益，可获得100万元/吨经济效益。该技术生产的沉香精油已为海南企业生产产品两款，整体技术达到国内领先水平。核心知识产权：一种沉香热裂解指纹图谱的建立及其应用（ZL 201611136573.2）。

成果单位　中国热带农业科学院农产品加工研究所。

五、油茶林下经济产业技术成果

（一）油茶品种

1. 热研1号油茶

成果介绍　油茶是世界“四大木本”油料植物之一，油茶产业被国家林业和草原局定为林业优势特色产业。2016年油茶被列为国家大宗油料作物，油茶作为健康优质食用植物油的重要来源，已成为国家重要的战略物资之一。热研1号油茶是通过对海南本地种油茶的调查筛选，培育出的具有果实大、产量高及抗逆能力强等特性的油茶新品种（图5-62）。

图5-62　热研1号油茶

主要性状　热研1号油茶是大果型品种，果实橘形，成熟时果皮褐色，粗糙；树冠自然圆头形，叶片卵形，叶色深绿；平均单果重94.26克，该无性系表现稳定，大果、丰产、稳产，抗逆能力强。植后3～4年开花结果，7～8年达到盛产期，进入盛果期以后，盛产期亩产油可达60.89千克。

适宜区域　适宜在海南东北部、中部地区种植。

成果亮点　热研1号油茶高产潜力大、耐热耐强光、抗病虫害等特性突出，十分适合热带地区酸性土壤种植。以热研1号为主栽品种，以海林系列、海大系列等优良品种为配置品种，按照株行距4米×5米种植，新建30亩试验示范基地，年供应油茶嫁接苗达50万株。目前已经在三亚南滨农场、五指山南圣、屯昌新兴、儋州沙帽岭、定安永丰、文昌清澜、琼海红昇农场等建立试种基地，累计推广达1万余亩。热研1号油茶2018年获得海南省林业局新品种认定。

成果单位　中国热带农业科学院椰子研究所。

2. 热研2号油茶

成果介绍　油茶是世界“四大木本”油料植物之一，油茶产业被国家林业和草原局定为林业优势特色产业。2016年油茶被列为国家大宗油料作物，油茶作为健康优质食用植物油的重要来源，已成为国家重要的战略物资之一。热研2号油茶是通过对海南本地种油茶的调查筛选，培育出的具有果实大、产量高及抗逆能力强等特性的油茶新品种（图5-63）。

图5-63　热研2号油茶

主要性状　热研2号油茶是中果型品种，果实橘形，成熟时果皮褐色，粗糙，糠皮；树冠自然圆头形，叶片卵形，叶色深绿；平均单果重67.55克；该无性系表现稳定，大果、丰产、稳产，抗逆能力强。植后3～4年开花结果，7～8年达到盛产期，进入盛果期以后，亩产油可达52.66千克。

适宜区域　适宜在海南东北部、中部地区种植。

成果亮点　热研2号油茶高产潜力大、耐热耐强光、抗病虫害等特性突出，十分适合热带地区酸性土壤种植。目前已经在三亚南滨农场、五指山南圣、屯昌新兴、儋州沙帽岭、定安永丰、文昌清澜、琼海红昇农场等建立试种基地，累计推广达3万余亩。热研2号油茶2018年获得海南省林业局新品种认定，2023年被海南省林业局种子种苗总站遴选为海南省《加快油茶产业发展三年行动方案（2023—2025年）》主推品种。

成果单位 中国热带农业科学院椰子研究所。

（二）油茶林下间作技术

1. 油茶林下套种花生技术

成果介绍 油茶是我国重点发展的油料经济作物，但是油茶在种植2～3年后开始开花结果，5年后有一定产量，8年后才能进入丰产期，而油茶幼龄林地的抚育和管护需要投入人力、物力，没有经济收入，严重影响了油茶的效益。油茶种植前几年树冠扩展较慢，林地内有一定的空间适合生长周期较短的作物种植。花生是我国主要的油料作物之一，具有抗旱、耐瘠、适应性强等优点，其根瘤菌可以固氮，在作物轮作中占有重要位置。通过油茶幼龄地间作花生，能够形成油-油高效立体种植模式（图5-64）。

图5-64 油茶林下套种花生

技术要点 ①选择品种：花生可选用高产、耐荫、可密植、大果品种，在播种前对种子进行筛选，确保种子饱满健康，且无病虫害。②播种：距油茶树行0.5米处种植花生，花生株行距0.3米×0.4米，花生播种后覆盖黑色地膜用来防草。③田间管理：种植前应当施足底肥，底肥以尿素、磷钾肥，同时适当施用微量元素肥料。间作期间应当重点施用有机肥，以有机复合肥为主。花生主茎长到8～9叶时，视天气情况，应追肥浇水一次。④病虫害防治：花生主要害虫为蓟马、金针虫、蛴螬等，应及时进行防治，在防病治虫期间，可对花生施用磷酸二氢钾等肥料，有利于开花，授粉与果实膨大。⑤收获：在花生豆完全成熟时，可以开始收获，秸秆可以堆肥或制作饲料。

成果亮点 油茶林下套种花生可提高单位面积土地的产油量；节约除草费用；间作物秸秆还田能明显改善林地土壤养分状况，有利于林木生长；通过间作实现一地多用，立体经营，提高林地经济效益，同时节约了抚育成本。选择市场上适合南方种植的花生品种间种在油茶幼林。间种花生相对于不间种的土壤有机质含量提高13.06%，全磷提高22.19%，土壤速效磷、速效钾、速效氮分别提高46.77%、28.13%、20.51%，土壤中的细菌、真菌、放线菌显著增加，间种花生的油茶春梢生长量和幼林树高增长量明显高于不间种油茶。

成果单位 中国热带农业科学院湛江实验站。

2. 油茶林下套种大豆技术

成果介绍　油茶是我国重点发展的油料经济作物，但是油茶在种植2～3年后开始开花结果，5年后有一定产量，8年后才能进入丰产期，而油茶幼龄林地的抚育和管护需要投入人力、物力，没有经济收入，严重影响了油茶的效益。大豆是重要的油料作物，目前我国大豆的产量远不能满足国内需求。幼龄油茶林下套作大豆是贯彻落实国家关于大力实施大豆产能提升的安排部署，保障粮食安全和重要农产品供给的重要举措（图5-65）。

图5-65　油茶林下套种大豆

技术要点　①选择优良品种：要保证大豆品种与油茶品种两者的套种适宜性，应当尽量选择竞争相对较弱的品种进行种植，使油茶与大豆的产量均得到有效提升。②种子处理：播前精选，剔除病斑粒、虫粒、瘪粒，晒种1～2天。③植前准备：合理整地，处理林地中遗留的害虫及杂草，并且施用适量的基肥。④种植：应在油茶生长一年后，才进行大豆种植，以免大豆生长过旺而影响油茶的生长。密度不可过大，也不能过小，保持适当的行距及株距，使油茶林均能够得到充足的通风及日照。⑤田间管理：要保证油茶生长及大豆生长具有充足的水分，适时灌溉。在油茶与大豆的后期生长过程中适当追肥，保证油茶及大豆均具有充足的营养。另外，在大豆未完全生长好之前需要进行一次杂草人工清除。大豆不耐涝，在大豆播种后田间四周要开沟排水，在低洼地可采用起垄播种防涝。⑥病虫害防治：大豆病虫害较少，一般不需要进行病虫防治。但是也要注意大豆炭疽病、病毒病、锈病等病害和斜纹夜蛾、蚜虫、象甲及地下害虫等虫害情况的发生。⑦收获：大豆收获最佳时期在完熟初期，此时大豆叶片全部脱落，植株呈现原有品种色泽。大豆的残枝可以翻耕入土成肥料。

成果亮点　在油茶林套种大豆，能够充分利用油茶林种植初期的空置资源，不但不会影响油茶林的生长，还能够减少林地水分蒸发，改善林地土壤结构，优化油茶幼树的生长环境，在提高油茶生产效益的同时，得到大豆生产效益，使整体效益得到提升，实现油茶产业的更理想发展。大豆可增加生态系统多样性，同时可增强油茶林的光合作用，更好地吸收二氧化碳，一定程度上减轻温室效应，从而得到更理想的生态效益，在环境保护方面发挥一定的作用。

成果单位　中国热带农业科学院湛江实验站。

3. 油茶林下套种山兰稻技术

成果介绍 油茶造林按照单一的纯林模式栽培，会导致土地利用率不高、林地生产力低下，且油茶种植需5年后才有一定产量，前期资金投入大、经济效益见效慢，制约着油茶产业发展。为此，各地也在积极探索油茶林下经济发展模式，特别是油茶幼林通过合理套种，既可以增加套种作物收入，还可“以耕代抚”，改善油茶生长环境，提高经济效益。山兰稻又名陆稻、山禾或旱谷，属于旱作生态型作物，耐旱性强、耐瘠性好、抗逆性强和适应性广的特点。山兰稻米属糯稻性质，米质符合优质米一级标准，不施用化肥、农药，是天然生长的优质有机食品（图5-66）。

图5-66 油茶林下套种山兰稻

技术要点 ①油茶林分选择：新造油茶基地一般在海拔800米以下，坡度25°以下的低丘缓坡地，株行距为2.5米×3米，并配有作业道、水池等完善的基础设施。②山兰稻品种选择：选择生育期适中、成穗率高、分蘖能力强、耐旱耐贫瘠且高产的山兰稻品种。③整地和施基肥：疏松表土并清除山地杂草与其他灌木；根据坡道特征，将其平整为梯田模式，进行翻耕、深耕处理，同时堆埋基肥及覆埋枝叶增加土壤肥力。④山兰稻的种植：山兰稻采用穴直播，每穴5～8粒种子，株行距为45厘米×45厘米，均匀分布于梯田每个台阶上，与油茶苗形成间作。⑤日常管理：山兰稻秧苗出土后25～30天要及时松土除草，同时，在这期间若发现有缺苗现象，可在阴雨天进行移密补稀。⑥病虫兽害预防：7—8月高温高湿，病虫害易发，鸟鼠等兽害也会发生，注意做好监测防治工作。⑦收获：待山兰稻种子成熟后立即进行收获，一般采用人工收割，脱谷机脱谷的方式，然后劈稻秆返地。

成果亮点 该成果解决了新垦油茶基地水土流失的问题，同时还提高了油茶前期经济效益、生态效益。山兰稻套种后提高了林地覆盖度，有效减少了水土流失，幼龄油茶生长环境得到明显改善。油茶林套种山兰稻后，油茶树不另行施肥，减少了油茶管理肥料投入及抚育人工投入费用。山兰稻在油茶林套种是一种新型林下旱粮经营模式，可为林下旱粮复合经营模式选择与应用提供参考。积极开展油茶林下旱粮套种，既能增加林农经济收入，也能改善新垦造油茶林生态环境，还能促进油茶产业的健康发展。

成果单位 海南大学热带农林学院。

4. 油茶林下套种羊肚菌技术

成果介绍 羊肚菌俗称羊肚菜、草笠竹、羊肚蘑等，是盘菌目羊肚菌科羊肚菌属的一类珍贵食、药两用菌，由于其菌盖表面呈褶皱网状，非常像羊肚而得名。该菌属分为多个品种，有梯棱羊肚菌、尖顶羊肚菌、圆顶羊肚菌和七妹羊肚菌等。这种腐生型食用菌在我国野外分布比较广泛。在油茶林地资源丰富的一些地区，可以种植羊肚菌。

技术要点　①菌种制作：菌种按0.75千克/袋的重量装袋，灭菌、接种，菌种放在弱光下培养。②营养袋生产：营养袋按湿重0.35千克装袋灭菌。③林地整地：清理好油茶林地内的枯枝落叶、烂果、杂草及杂物，并对林下土壤进行深翻，均匀撒过磷酸钙2次，整地备播。在土壤处理时不能施未腐熟的有机肥。④播种：凹槽式深沟播种，将菌种掰碎均匀地撒播在凹槽中，每袋菌种播沟长 5 米（湿重0.75千克），同时投放营养袋30个（3袋/米^2）。将营养袋纵向切 2 个缝口，缝口朝下、压实，使营养袋与菌种紧贴接触面。后覆盖8～10厘米厚土，保证日晒干旱逆境时段，菌丝也可在土壤中生长。⑤发菌期管理：羊肚菌菌丝生长温度为18～22℃，土壤含水量应控制在40%～50%，空气相对湿度控制在75%～90%。但遇到暖冬、持续干旱15天以上，发现厢面土壤表面干燥时，需人工喷水增湿，保持厢面土壤湿润状态。当营养袋摆放10天后可覆盖黑色地膜或采用遮光率85%的遮阳网铺设在厢面上。⑥出菇管理：一是揭膜或拉起遮阳网，在一定强光的刺激下促进原基形成；二是水分刺激，水源方便的林地可采用微喷方式维持土壤表面湿润。2 种方式可同时进行，省时省工。⑦采收：羊肚菌子实体出土后15～20天就能成熟，菇体分化完整，菌盖饱满，盖面沟纹明显呈蜂窝状即可采收。采收时用小刀齐土面割下。

成果亮点　油茶林下套种羊肚菌，在利用林下土地、环境优势的基础上，采取良种、优化营养袋配方、深沟凹槽式播种、营养袋投放与播种同步、退霜期盖遮阳网等轻简化栽培技术措施，实现了林-菌在光、温、水等方面资源共享、协调发展，补齐了油茶周期长、前期无收益的短板，同时改善了林地土壤理化性质，能够有效提升林地土地产出率、资源利用率、人工生产率。但油茶林下套种羊肚菌属于露天栽培，该模式相较于大棚设施栽培易受干旱、寒潮等自然灾害影响。因此，在羊肚菌品种选择上应选优抗品种，保障稳产。

成果单位　海南大学热带农林学院。

六、花梨林下经济产业技术成果

（一）花梨林下间作技术

1. 花梨幼林套种菠萝技术

成果介绍　花梨因其木材还有独特的芳香油，具有抗血凝、氧化、扩冠脉的作用，是高级药材。目前在广东、广西、福建、海南等地区大面积推广种植。花梨生长周期长，投资回收期长，严重制约着其产业发展。菠萝为岭南四大名果之一。花梨幼林套种菠萝，可以做到以短养长、以耕代抚育，增加花梨幼林期林地效益，对促进花梨产业健康发展具有重要的意义。

技术要点 ①园地选择：选择土壤类型和质地类似的花梨幼林。②菠萝选择：菠萝选择当地栽培的优良品种。③整理园地：植前要对花梨园地进行整理，起到平整地块清除杂草的作用，施底肥，以利于菠萝生长。④种苗定植：林木间隔20～30厘米，采用小苗种植，株行距为0.4米×0.3米，以不影响花梨苗木生长为宜。每亩种植约2 200株。⑤田间管理：菠萝生长期约为18个月，2年为期，每年施肥2次（硫酸钾型复合肥）。⑥病害防治：菠萝常见的病害为炭疽病、果实日灼病、黑心病，应做好防治。⑦菠萝采收：成熟菠萝应及时采摘。判断菠萝果实成熟度主要依据果皮颜色，作为贮运的果实应在青熟期采摘。

成果亮点 花梨幼林套种菠萝，2年后花梨树高、胸径比花梨纯林提高19.98%、17.96%。与花梨纯林相比，套种菠萝显著降低土壤容重，提高碱解氮、速效钾含量；有效磷及有机质含量显著升高。花梨幼林套种菠萝能改善土壤理化性质，增强土壤酶活性，又能获得一定的经济效益，实现以耕代抚，减少林地抚育开支，从而达到以短养长的目的，促进花梨产业发展。

成果单位 海南省林业科学研究院。

2. 花梨幼林套种“花生+南瓜”技术

成果介绍 花梨因其木材坚硬耐腐，具有较高社会经济、生态、药用价值，应用前景广阔。目前，广东、海南、福建、广西大面积推广种植花梨，特别是海南近几年发展较快，其中1～3年生的花梨占到60%以上。但花梨生长缓慢，周期长，投入资金大，严重制约其产业发展，花梨套种花生、南瓜，可解决花梨生长周期长的问题，充分发挥林地生产力。

技术要点 ①园地选择：选择立地条件、生长状况基本一致的花梨1～3年生幼林。②整理园地：行间翻耕约为1.2米，深度为20～30厘米，清除杂草、灌木及其根系等。③种植管理：2月，从当地购买优良红衣花生品种，采用农家常用播种法，在花梨幼林行间套种花生，保证与林木间隔20～30厘米，株行距0.2米×0.3米，以不影响花梨苗木生长为宜，7月花生收获后，9月套种1行南瓜苗（蜜本南瓜），株距为1米，南瓜收获后（翌年1月），继续种植花生，循环种植2年，种植期间每年施肥2次（复合肥）。

成果亮点 花梨幼林套种“花生+南瓜”，2年后花梨树高、胸径分别比花梨纯林高18.8%、19.4%，能显著降低土壤容重，同时土壤碱解氮、速效钾、有效磷、有机质均有不同程度增加。套种2年收益38 730元/公顷，既能获得显著的经济效益，又能以耕代抚，减少林地抚育开支，从而达到以短养长的目的，促进花梨产业发展。

成果单位 海南省林业科学研究院。

3. 花梨林下套种金花茶技术

成果介绍 大力发展花梨等珍贵树种，是贯彻落实林业科学发展观、转变林业增长模式、实现林业可持续发展的一项重要工程，是切实提高林地生产力和林业产出率的一项重要工作。金花茶是中国特有的茶花品种，素有“茶族皇后”称号。金花茶对气温湿度要求较高，多生长在山谷、林下、沟边等阴凉的地区，多分布在浓荫的林下，金花茶的幼树需要在阴凉条件下生长，成龄树在稀疏遮阴下生长较好，所以，金花茶喜生于沟谷遮阴的乔木林下或灌木丛中湿度大、光照少的环境，在向阳坡反而不利于其成长。花梨林下套种金花茶，可以实现珍贵树种和林下植物的共赢（图5-67）。

图5-67 花梨林下套种金花茶

技术要点 ①园地平整：在规划花梨林地内进行林地清理，要求见实土，并将林地内所铲的杂草置于原种植树头，造林带宽1.5米，每条造林带相隔2.5米。在新清理出的种植带内打穴，株行距为2.5米×4米，套种密度为67株/亩。打穴规格50厘米×50厘米×40厘米。每穴施有机混合肥，然后回土至满穴。②选苗：金花茶选用一年生或二年生60～80厘米以上粗壮无病害的营养杯苗。③栽植：定植前，通常要对金花茶小苗进行浆根处理。定植后，浇足定根水。夏季高温时适当淋水，降低小环境的温度，提高林下湿度。④抚育管理：栽植后需进行1年次的抚育，抚育措施为割灌除草、追肥、培土。追肥要求在种植3个月后，每次每株施0.25千克复合肥；培土成馒头状，以保护因穴土下陷而露出的根茎。⑤病虫害管理：金花茶林下种植容易受到林上树木、林下杂草及病虫害等的相互影响，植物间的关系较复杂，林上树木的病虫害一旦发生会不同程度影响林下植物的生长，因此需要及早发现和防治各类病虫害。⑥采收：主要采收金花茶成年树（四年生以上）的叶子和花朵，目前生产中以采收花朵为主。

成果亮点 花梨郁闭度为0.3～0.5的林下，金花茶综合生长情况最佳，成活率高达98%，年生长量25～55厘米。金花茶鲜花、鲜叶公司按市场价回购，鲜花按100元/千克估算，鲜叶按20元/千克估算，每亩年可收入达1.65万元。

成果单位 广东省肇庆市国有北岭山林场。

（二）花梨林下产品加工技术

花梨木（降真香）精油中密度提取生产技术

成果介绍 花梨木精油含有高比例的沉香醇，具有温和镇痛作用，可以有效缓解头痛、肌肉痛和关节疼痛；还是很好的护肤、护发、驱除蚊虫的精油。降真香精油是止血止痛良药，消炎作用效果明显，祛疤奇效，内服可以护肝。两种精油商业、药用市场需求量大。但当前花梨木（降真香）精油存在中密度精油品质不稳定、工艺混乱的问题。

技术要点 该技术通过采用超临界提取技术联合低温变相纯化技术，在低温条件下提取纯化精油不需要任何辅助溶剂，提取精油得率为4.3%左右，精油纯度高、安全、绿色，精油功能组分和香气组分保留完整，最大限度保存了精油活性组分。该技术生产的花梨木（降真香）精油活性物质含量高，在化妆品、香薰等产品应用上市场前景广阔（图5-68）。

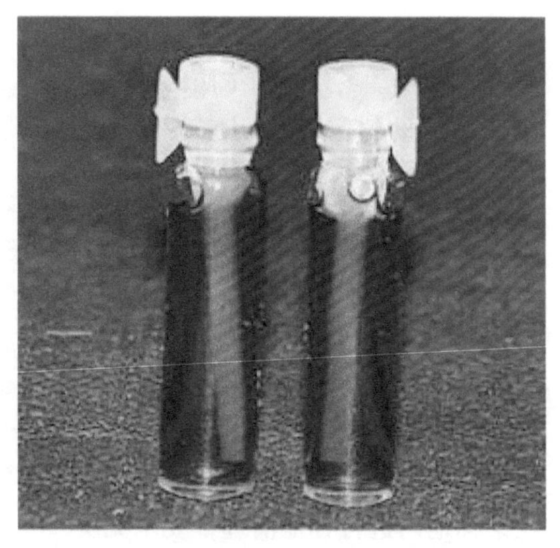

图5-68 花梨木精油

核心知识产权：一种黄檀属木材热裂解指纹图谱的建立方法及其应用（ZL201611136575.1），一种沉香热裂解指纹图谱的建立及其应用（ZL201611136573.2）。项目整体技术达到国内领先水平。

成果亮点 该技术生产的天然植物花梨木（降真香）精油等其他中密度精油。此类精油黄酮类、萜类物质含量丰富，具有良好的生物活性，在抗菌消炎、去黑色素等方面具有较好的功能活性，可广泛用于日化品、香薰中。该技术提取精油得率为4.3%左右，每千克原材料可提取40克左右的精油，按市价约400元，原材料约100元，除去加工费用可获得20万元/吨的经济效益。

成果单位 中国热带农业科学院农产品加工研究所。

（三）花梨景观利用模式

花梨景观文化旅游利用模式

成果介绍 海南花梨谷文化旅游区位于海南省东方市，坐落在被誉为“海南之肺”的海南尖峰岭国家森林公园，为国家4A级旅游景区。它依托山水自然资源，立足海南省、面向全国，以健康管理、森林休闲度假和文化养生为主打产品，建成以“花梨文化”为品牌，集度假养生、旅游康养、林下种植、生态美食于一体的文化旅游区（图5-69）。

图5-69 海南花梨谷文化旅游区

海南花梨谷文化旅游区由“文化

旅游”和“康养度假”两大板块构成，共规划了28个景点，拥有花梨博物馆、花梨游览区、花梨认养区、花梨文创区等众多以花梨文化为核心的景观，七彩花海、萌宠动物园、果蔬采摘园等景点。建设有花梨风情街、花梨温泉康养中心、花梨茶文化体验中心、水上拓展中心、露营基地、花梨谷博览园、科研中心、瞭望塔等，打造全季节全天候休闲康养旅游胜地。

成果亮点　海南花梨谷文化旅游区拥有1.2万亩近百万棵树龄16年的富油性海南花梨；是世界上最大的海南花梨种植基地，更是名副其实的“天下海黄第一园”；在这里，花梨树集成一片，绿树成荫，与周边山水组合成绝佳风光；在这里，你可以一睹“树中熊猫”海南花梨的魅力风采，同时感受椰风海韵、浪漫星空；在这里，观赏花梨种植区、体验特色康养温泉区、房车露营基地、感受花梨星空屋、赏万亩花海，晨起看云起云落，黄昏看夕阳西下，夜幕观星河满天，有你想要的静谧和唯美。海南花梨谷文化旅游区2023年入选全国乡村振兴赋能计划生态振兴典型案例。

成果单位　海南花梨谷文化旅游发展有限公司。

七、其他林下经济产业技术成果

（一）林下品种

儋州鸡

成果介绍　儋州鸡原产于儋州市北岸地区，也称石鸡或北岸小种鸡，羽毛有麻、黑和白等色，成年公鸡体重1 650克±189克，母鸡1 340克±158克。儋州鸡骨盆宽较小，公鸡6.9厘米±0.4厘米，母鸡6.3厘米±0.5厘米。儋州鸡平均132日龄开产，年产蛋80~126枚，平均蛋重38克，蛋壳以粉色和淡粉色为主。儋州鸡受精率为90.56%±1.52%，受精蛋孵化率92.16%±3.36%。儋州鸡属于肉蛋兼用型地方鸡遗传资源，适合野外林地放养，具有体型小、腹脂率低、适应性广、耐粗饲、耐高温高湿、敏捷性高、飞翔能力强等特点。儋州鸡是适合林下养殖的家禽（图5-70）。

图5-70　儋州鸡

儋州鸡距今已有1 000年以上养殖历史，没有发现与其他品种的杂交经历，保持了该品种原始基因的绝对纯净。2012年由中国热带农业科学院热带作物品种资源研究所开始进行抢救性收集和保护工作，2013年儋州市畜牧兽医局正式将这一品种命名为“儋州鸡”，2014年儋州鸡申请获得国家市场监督管理总局地理商标认证，2018年列入《海南省畜禽遗传资源保护名录》，2023年列入《国家畜禽遗传资源品种目录》。目前，中国热带农业科学院儋州鸡保种场存栏种鸡8 000只，分麻羽和黑羽2个种群，共56个家系。

成果亮点 儋州鸡是继文昌鸡之后的海南省第二个进入“国家队”的地方鸡品种资源。中国热带农业科学院热带作物品种资源研究所历时11年提纯复壮和纯繁扩群，推动中心产区儋州鸡种鸡达到2万只，商品鸡年出栏200万只以上，为儋州鸡遗传资源保护和利用奠定了良好基础。儋州鸡凭其耐粗饲、耐高温高湿、适应性强等特性，已成为热带林下养殖首选。2019年儋州鸡养殖场获批海南省畜禽养殖标准化示范场，示范区域获批海南省儋州鸡养殖标准化示范区，2021年获批国家林下经济儋州鸡养殖示范基地。儋州鸡腹脂少、蛋白含量高，以盐焗鸡、椰子鸡、黄皮鸡加工为消费推手，进行开发利用，深受电商、直播带货及鲜鸡消费者的青睐，正在逐步发展成儋州市乃至海南省的地方特色产业。儋州鸡2018年获得海南省农产品区域品牌大赛二等奖，2022年获得“海南鲜品”省级农产品区域公用品牌。

成果单位 中国热带农业科学院热带作物品种资源研究所。

（二）林下间作模式

1. 亚热带果园覆盖豆科牧草模式

成果介绍 亚热带地区果园中由于除果树外不种其他任何作物，并经常进行中耕除草使地表裸露、土壤长期保持疏松和无杂草状态，普遍出现水土流失严重、土壤综合肥力下降和杂草生长等问题。果园生草可有效提高园区土壤肥力，改善土壤结构，调整园区小气候；对于果树生产来说，果园生草可为果树提供绿肥，促进果实发育，改善果实品质。豆科牧草因为其特有的根瘤固氮作用，一般被用作果园中生草覆盖。适宜亚热带地区生长的豆科牧草一般包括崖州硬皮豆、大翼豆、柱花草、光叶紫花苕等（图5-71）。

图5-71 亚热带果园覆盖豆科牧草

该模式以实行亚热带地区果园豆科牧草覆盖技术为核心，以果树需肥规律和豆科牧草固氮特性为依据，以高效立体生态复合栽培技术为统领，以果树生长发育和养分需求规律、豆科牧草养分固定及释放规律、果树对豆科牧草养分的利用规律为基础，建立亚热带地区果园豆科牧草轻简化种植及利用技术体系。

成果亮点　在亚热带果园覆盖崖州硬皮豆、大翼豆、柱花草、光叶紫花苕等豆科牧草，以草控草，杂草防治效果显著，并可提高土壤的有机质含量和水果的产量与品质，进而提高热带水果产业的效益。

果园中套种崖州硬皮豆，种植后基本无杂草生长，每年减少2～3次除草工作，每亩节约人工除草成本40元左右。崖州硬皮豆根系上根瘤的固氮作用，使土壤中的有机质和氮素肥料（包括全氮和速效氮）增加，对改良土壤肥力和结构有很大的作用，全氮含量达0.166%，较种植前提高了33.9%；速效氮含量达136毫克/千克，较种植前提高了61.9%；有机质含量为21.44克/千克，较种植前提高了47.7%。

果园中套种柱花草，每年可生产约5吨/亩鲜草，能够替代1吨/亩有机肥；减少30千克/亩化肥。此外，压制杂草可节省300元/亩的农药、人力成本。同时，有效改善果品品质，直接提升经济效益约2 000元/亩。

亚热带果园豆科牧草覆盖技术入选云南省2022年农业主推技术。自2018年以来，该技术已在云南大理、红河、文山、楚雄、保山等亚热带果园、咖啡园、幼龄胶园进行了推广。

成果单位　云南省农业科学院热带亚热带经济作物研究所。

2. 雷州山羊高效循环养殖模式

成果介绍　雷州山羊是我国国家级优良地方品种，主要分布在海南岛和雷州半岛一带，在海南又称为海南黑山羊，因其肉质鲜嫩、膻味淡、营养丰富而受到粤、琼、桂等地人民的青睐。随着海南畜牧业的快速发展，雷州山羊（海南黑山羊）产业得到了长足的发展、雷州山羊出栏量稳步增长，雷州山羊肉量供应能力不断提升。但在发展的同时，又产生了品种退化严重、养殖效益不高、舍饲化养殖技术难、疫病难防难控、饲草料加工贮存难、粪便无害化处理技术难等诸多技术瓶颈，严重地制约了雷州山羊的产业化发展。

雷州山羊高效循环养殖模式以热带牧草和雷州山羊为主要研究对象，结合畜牧产业发展技术需求，集成创新雷州山羊新品系培育、疫病防控技术、优质牧草高效栽培技术、饲草料加工与营养调控、粪便自动化收集及无害化处理等关键技术，构建了雷州山羊一体化循环养殖新模式，突破了热区饲草料难以加工储存、雷州山羊舍饲养殖、粪便自动化收集及无害化处理等技术难题，解决了大量秸秆类农业废弃物无法利用而造成的环境污染和季节性饲草料短缺问题，显著推动了雷州山羊养殖由传统的放牧方式向舍饲化、规模化发展（图5-72）。

成果亮点　该模式已在广东、广西、海南、云南和贵州石漠化等地推广，并建立了50多个黑山羊舍饲化养殖示范基地，辐射带动100多个养殖场发展舍饲化养殖，覆盖区域达到10余个市县，示范区整体效益提高30%以上，母羊受胎率达到85%以上，羔羊成活率达到

95%以上，疫病发生率降低到20%以内，死亡率降低到5%以内，人工牧草亩产草量提高30%以上，畜禽粪便无害化处理达到90%以上，取得了较好的经济和社会效益，助力乡村振兴。

图5-72　雷州山羊高效循环养殖模式

目前，该成果获授权专利5项，授权软件著作权7项，出版著作1部。“雷州山羊舍饲化高效循环养殖关键技术集成与示范推广”获2021年度广东省农业技术推广奖二等奖。

成果单位　中国热带农业科学院湛江实验站。

（三）林下间作技术

1. 热带果园间作柱花草提质增效技术

成果介绍　热区高温多雨，常年杂草丛生，需要不断施用除草剂来压制杂草，导致除草成本很高，土壤微生物群落遭到破坏，土壤不断退化进而作物产量与品质不断下降，再加上热区土壤多为酸性，需要施用有机肥培肥土壤以提高作物的产量与品质。而这些地区是我国热带水果的种植区，随着国家化肥农药减施、绿色生产、提质增效政策的实施，热带水果产业的发展急需一套绿色技术来满足产业发展的新需求。果园间作豆科绿肥柱花草可有效压制杂草生长并通过固氮增碳为土壤提供大量氮与有机质，减少了农药、化肥的使用，并有效提高水果的产量与品质，进而提高产业的经济效益（图5-73）。

图5-73　热带果园间作柱花草

技术要点　①在海南等冬季低温不明显区域可选择热研2号柱花草，在冬季低温较明显的广东等地区可选热研5号柱花草、在炭疽病严重的区域可选热研10号柱花草、在干旱较为严重的地区可选热研25号柱花草。此外，在不刈割利用的果园可选一年生的有钩柱花草作为覆盖作物。②播种前要整地，除草。③柱花草播种采用直播与育苗移栽，直播播种量为1千克/亩，移栽播种量为0.1千克/亩。④种植时与主作物保持一定的距离，减少对主作物的负面影响。⑤施用磷肥提高成活率。⑥选择雨季来临前的春夏季节播种，适度浇水并注意防除杂草。

成果亮点　该技术构建出基于柱花草的"绿肥+"热带水果生产模式。通过间作柱花草方案解决热带果园有机肥缺乏、杂草丛生导致生产成本高的问题，利用林下空闲资源间作绿肥来提高土壤的有机质含量，降低农药、化肥的施用等生产成本并提高作物的产量与品质，进而提高热带水果产业的效益。在部分地区还可通过种植绿肥减少夏季暴雨引起的水土流失、改善当地的景观，起到提高生态环境与旅游效益的作用，成效十分显著。每年可生产约5吨/亩鲜草，能够替代1吨/亩有机肥；减少30千克/亩化肥使用。此外，压制杂草可节省300元/亩的农药、人力成本。同时，有效改善果品品质，直接提升经济效益约2 000元/亩。

热研2号柱花草、热研5号柱花草、热研10号柱花草、热研25号柱花草通过中国全国牧草品种审定委员会审定。该技术相关成果2013年获得农业农村部中华农业科技奖一等奖、海南省科技成果转化奖一等奖，2006年获得海南省科技进步奖一等奖。2021年被农业农村部遴选为农业主推技术。该技术处于国际领先水平。

成果单位　中国热带农业科学院热带作物品种资源研究所。

2. 轮作田菁绿肥节本增效技术

成果介绍　海南等热区高温多雨，高温时间长，土壤普遍存在有机质缺乏等问题，需施大量有机肥提高土壤有机质培肥土壤、提高作物产量与品质。作为我国南繁产业主要的发展区域，在南繁结束后，夏季闲置问题较为突出；此外，海南等沿海地区田地，夏季暴雨季节排水不畅，病虫害多，种植效益较低，撂荒普遍。稻田、农用地或绿化地种植速生、快长、耐涝的豆科绿肥田菁，可为土壤提供大量的有机肥与氮等矿质养分，从而培肥土壤，提高作物产量与品质，进而提高产业经济效益，还可改善景观，提升景观效益。该技术适宜在海南、广东、广西、云南等国内热区种植一年生作物的水田、旱地轮作地区推广（图5-74）。

图5-74　轮作田菁绿肥

技术要点　①园地选择：夏季撂荒和闲置的稻田、其他农用地或绿化地。②田菁选择：选用普通田菁等草本田菁，不宜选用大花田菁等木本田菁。③整理园地：播种前要对园地进行整理，起到平整地块清除杂草的作用，以利于田菁出苗整齐。④种苗定植：田菁播种量每亩3～5千克，盐碱地应适当加大播种量。⑤田间管理：以施用磷肥为主，增加田菁鲜草产量，提升田菁品质。在田菁播种时可用磷肥拌种同时施。⑥田菁还田：田菁种植两个月株高达到1～1.5米时，用旋耕机翻压还田，若干旱要浇水，利于绿肥腐解。

成果亮点 该技术在国内首次通过绿肥方案解决当地撂荒地开发利用、夏季休闲季节填闲，以提高土壤的有机质含量，降低热带作物的生产成本并提高作物的产量与品质，进而提高热作产业的效益，已成为海南利用绿肥方案助力热带高效农业发展的典范。近三年，累计推广应用面积5万余亩，节约成本1.15亿元，提高经济效益0.4亿元。通过田菁绿肥轮作，田菁绿肥综合降低土壤改良成本2 300元/亩以上，其中田菁生物产量在2～4吨/亩，可节约有机肥施用成本2 250元；田菁绿肥翻压可节约尿素施用成本120元/亩，还可活化酸性土壤中难以利用的磷、钾以及微量元素等，进一步降低化学肥料的施用成本；由于有机质含量的提升，有效提升了土壤质量，可使后继作物产量提升10%以上。该成果被遴选为2023年海南省农业主推技术，入选“海南省2023年十大科技助农典型”。

成果单位 中国热带农业科学院热带作物品种资源研究所。

（四）林下产品与装备技术

1. 茶树精油低密度提取生产技术

成果介绍 茶树精油，又称互叶白千层精油，是从互叶白千层叶片蒸馏萃取得到的精油。因其具有广谱抗菌、消炎功能，低副作用，在世界范围内广泛应用于医药、食品保鲜、日用化妆护肤、保健品、农药等领域。然而目前我国植物精油市场虽然增长迅速，但产品品质参差不齐，消费者信任度低。通过多年技术攻关，采用低密度蒸馏法提取工艺提取茶树精油，在提取装备和工艺上有了新突破，提取罐装料容积为3米^3，较国内水平提高了1倍；批次处理物料可达550千克，提取时间为1.5～3小时，精油提取得率在1.2%～1.4%。所得茶树精油的各项指标符合国际标准ISO 4790—2004。低密度提取生产技术在精油加工业中的应用，可有效提升生产的效率和标准化（图5-75）。

图5-75 茶树精油

成果亮点 本技术生产的茶树精油（互叶白千层精油）呈无色或淡黄色透明、有特殊气味的液体。所得茶树精油的各项指标符合国际标准ISO 4790—2004，其中1,8-桉叶素的含量低于3.0%，松油烯-4-醇的含量大于35%。研发的茶树精油、茶树油微胶囊、茶树油保鲜剂、茶树精整体技术达到国内领先水平。制备茶树精油的成本与原料价格及热源价格密切相关。该技术硬件为一次性投入，精油提取得率在1.2%～1.4%（湿含量计，质量分数）。

核心知识产权：一种茶树精油提取系统（CN 206828468U），一种茶树精油微胶囊制备系统（CN 206828467U），一种茶树油漱口水及其制备方法（CN 201010532283.6），一种互叶白千层油乳化方法、水果保鲜剂及应用（CN 201110452420.X）。该技术与广西2家企业合作，生产出一批优质茶树精油产品走向欧洲高端市场，为企业创造大量价值。

成果单位　中国热带农业科学院农产品加工研究所。

2. 丘陵果园轻简化遥控作业机械装备

成果介绍：针对我国丘陵果园生产机械化短缺，生产效率低、作业成本高等制约产业发展的瓶颈问题，根据丘陵果园的地形特点和种植模式，突破小型履带式拖拉机遥控、手动两用控制技术，高温高湿环境下粉状肥防架空、定量排肥技术等，创新研制了小型遥控履带式拖拉机及配套机具如开沟施肥机、除草机、喷药机、种植挖穴机，为丘陵果园机械化作业提供了技术与装备支撑，缓解了我国丘陵果园机械少且作业质量不佳的问题。

技术要点和流程　由移动终端发出控制信号至中央处理器，中央处理器接收并下达操作指令至各控制阀门，进而遥控变速箱的运作，从而控制履带作业主机工作，或者通过机械操作控制阀门来控制履带作业主机工作。履带作业主机通过齿轮传动将动力传输到作业机具（开沟施肥、除草、喷药、种植挖穴等）上，机具就开始作业。主要技术指标：履带作业主机的尺寸为2 300毫米×920毫米×850毫米；离地间隙为200毫米；转弯半径为1 500毫米；行走速度为0.5～5千米/时；爬坡能力为20°。

成果亮点　该装备适宜丘陵、山地、热带地区。实现农用车可进行手动操作作业，也可通过移动终端对农用车进行远程操控作业，尤其是适用于山地丘陵地形作业的履带式农用车手动操作和遥控操作的无缝衔接，有效解决了现有遥控农用车不能进行手动和遥控交叉操作的弊端。配套研制的果园开沟施肥机，与人工作业相比，机械化作业减少用工107.8%以上，生产效率提高51.8%以上，作业成本降低16.8%以上，并提高了施肥深度及排肥稳定性等作业质量；配套研制的果园除草机，与人工作业相比，机械化作业生产效率提高146.1%，可减少用工59.3%，作业成本降低29.3%，粉碎率（≤15厘米）≥90%。

成果单位　中国热带农业科学院农业机械研究所。

3. 遥控挖穴机

成果介绍　挖穴是热带乔木水果种植的重要环节，然而，传统的挖穴机存在一些问题，如无法适应丘陵山地果园的狭窄地形、人工操作劳动强度大、工作效率低、可操作性差、安全性得不到保证等。为解决这些问题，研制了一种遥控挖穴机。遥控挖穴机搭载手动遥控两用控制装置，可实现山地丘陵地形作业的履带式挖穴机手动操作和遥控操作的无缝衔接，有效解决了现有遥控挖穴机不能进行手动和遥控交叉操作的弊端（图5-76）。

图5-76　遥控挖穴机

技术要点和流程　遥控挖穴机采用履带平台的汽油动力驱动转动钻头，通过遥控起升电机使钻头下降，完成挖穴排土。整个挖穴作业通过人员遥控操作即可，不需要人工操纵挖穴机本身，从而基本解决了山地挖穴种植劳动强度大和安全性低的问题。使用空气弹簧支撑遥控挖穴机机架，减轻整个挖穴机的震动。经过田间试验发现，遥控挖穴机的生产效率达到0.76亩/时，比人工作业提高了3～4倍，作业成本下降了50%以上。

成果亮点　该成果解决了传统挖穴机无法适应山地果园的狭窄地形的问题，提高了挖穴作业的适应性和灵活性；减轻了工人的劳动强度，提高了挖穴作业的效率和安全性，降低了作业成本；实现了遥控操作，不需要人工操纵挖穴机本身，提高了挖穴作业的可操作性；使用空气弹簧支撑机架，减轻了整个挖穴机的震动，提高了机具的稳定性和使用寿命，实现了高效、安全、可操作的目标，为天然橡胶更新种植提供了有力的技术支持。

该成果获发明专利1项“一种适用于农用车的手动遥控两用控制装置及其控制方法”，实用新型专利1项“一种小型遥控挖穴机”。

成果单位　中国热带农业科学院农业机械研究所。